本书系湖南省哲学社会科学基金项目《新时代监狱干警服装生产培训与地方服饰产业衔接机制研究》（省级资助课题，立项编号：19YBA039）成果

服装结构设计的理论实践

欧阳现 ◎ 著

吉林人民出版社

图书在版编目(CIP)数据

服装结构设计的理论实践 / 欧阳现著 . -- 长春：
吉林人民出版社 , 2020.11
    ISBN 978-7-206-17809-2

    Ⅰ . ①服… Ⅱ . ①欧… Ⅲ . ①服装结构 – 结构设计
Ⅳ . ① TS941.2

    中国版本图书馆 CIP 数据核字 (2020) 第 233956 号

服装结构设计的理论实践
FUZHUANG JIEGOU SHEJI DE LILUN SHIJIAN

著　　者：欧阳现
责任编辑：王　丹　　　　　　　　封面设计：陈富志
吉林人民出版社出版 发行（长春市人民大街 7548 号）　邮政编码：130022
印　　刷：定州启航印刷有限公司
开　　本：710mm×1000mm　　　1/16
印　　张：11.25　　　　　　　　字　　数：210 千字
标准书号：ISBN 978-7-206-17809-2
版　　次：2020 年 11 月第 1 版　　　印　　次：2020 年 11 月第 1 次印刷
定　　价：45.00 元

前　言

　　服装在人类社会发展的早期就已出现，当时古人将一些材料做成粗陋的"衣服"，穿在身上，如兽皮、麻草等。最开始出现的服装主要以遮羞为目的，随着社会的发展转向了功能性，继而更注重服装的美观性，满足人们精神上美的享受。的确，在今天，服装作为生活的必需品，不仅仅是为了遮体，还是一种生活态度，一个个人魅力的展现"工具"。

　　服装结构设计作为现代服装工程中的重要组成部分，它是服装造型设计的延伸与完善，又是服装工艺设计的准备与前提。同时，服装结构设计又是从立体到平面，再从平面回归到立体转变的关键，在服装设计过程中起着承上启下的作用。一方面，它将款式设计提供的效果图转化为服装的平面结构，修改款式图中不合理的部分，并进行内外部的结构设计；另一方面，它为服装工艺设计提供规格齐全、结构合理的工艺样板，为制订工艺标准提供可行的依据，有利于裁制出能够充分体现设计风格的服装。从某种意义上来说，服装结构设计是否合理，不仅会影响到服装的美观性、舒适性，还会对服装加工的便利性产生一定影响。因此，在服装生产中，结构设计的重要性可想而知。

　　随着社会的不断发展，人类文明的不断提高，可以预见的是，服装的发展也必将趋于多元，因为在经济、文化不断趋于多元的今天，人类追求的东西也逐渐变得多元化。而服装作为人类生活的必需品，作为一个生活态度和个人魅力展示的"工具"，在某种程度上是人类思想意识和审美观念的变化和升华，所以无论是物质追求的多元，还是精神追求的多元，都会不同程度地反映到服装之上。这对于服装产业而言是一种挑战，也是一种机遇，对于服装结构设计而言同样如此。因此，只有对服装结构设计有一个充分且全面的了解，才能更好地应对变化，迎接未来。

　　本书一共九章，前三章从理论层面对服装结构设计的基本概念、服装与人体的关系、服装原型进行了说明，后六章分别从服装局部、男装、女装、童装入手，针对其结构设计展开论述。本书以图文相结合的方式，旨在使内容更加直观和明了，方便读者阅读和理解。但由于笔者水平有限，书中难免存在不足之处，恳请广大读者指正。

目　录

第一章　服装结构设计概述

第一节　服装概说

一、服装的起源

（一）服装与人的需求

服装的起源，研究的是"人类何时穿衣"与"为什么穿衣"的问题。服装的产生与人的需求是紧密联系在一起的。当代心理学研究表明，人的行为是由动机支配的，而动机的产生主要源于人的需求。因此，需求—欲望—设想—制作—功效实现，类似于生物链过程，衬托出设计作为核心环节的独特构成样式，在一个人类行为的活动结构中，设计与人的本质特征是一体的关系。

所谓需求，主要指人在生存发展过程中对某种目标所产生的欲望和要求，欲望从根本上来说是一种心理现象。行为科学家通常把促成行为的欲望称为需求，需求是产生人类各种行为的原动力，是个体积极性的根源。人类为了生存和生活，必然会产生各种各样的需求，而动机是在需求的基础上产生的。按照需求层次理论，可以将人类的需求分为：生理需求、安全需求、社交需求、自尊需求、自我实现需求5个层次。[①] 这种由低层次向高层次发展的需求概念，基本上概括了从物质到精神需求的全部内容。人类需求的满足大致是通过自然环境和人为环境两个方面来完成，服装设计反映了人类自身的装饰心态和装饰现象的存在。人类在改造世界的同时，改变着自己的生活方式和行为方式，同时也表明了实用与审美统一的功能和价值属性，所以服装的产生与设计在满足人类不同需求的层面上具有重要意义。

---

① 晋铭铭，罗迅.马斯洛需求层次理论浅析[J].管理观察,2019(16):77～79.

（二）服装产生的标志

对远古人类的着装而言，现已发现了距今约 20 000 年的用于缝纫的骨针。北京周口店龙骨山的"山顶洞人"以及分布在欧洲、非洲、西亚一带的"尼安德塔人"几乎同时发明了缝合兽皮用的骨针。原始缝纫工具骨针的出现，意味着人类已告别赤身裸体的时代，生产技能已经提高到可以将兽皮等缝缀起来护身御寒，而这一行为便是人类创造服装的第一步。骨针作为人类服装文化的杰出标志和信物，标志着人类的造物生产已开始向审美的方向发展。

沿着人类着装的审美趋向，进而可以发现装饰性物品——串饰。早在旧石器时代晚期的文化遗存中就发现了石制的串珠，骨制的头饰、耳饰，牙制的项圈以及贝制的臂钏等，这些原始初民们所制作的串饰，虽然大部分取自大自然中天然材质，而且缺少精细的加工，但却包蕴着诸多深刻的装饰要素——对称、均衡、光滑、对比等形式，具有深远的美学意义。人类在服装上对美的追求和形式感受，与在原始手工制造中长期培养的对形式的感悟和形式美的感受能力是一脉相承的。格罗塞在《艺术的起源》一书中写道："世界上只有裸体的民族，没有不装饰的民族""他们情愿裸体，却渴望美观"。[①] 正是这些对美的渴望和追求，成为服装产生的根本动机之一。串饰的存在，成为人类注重自身美观，利用外部器物来修饰、美化自身的开始。这种普遍存在于早期人类心目中朦胧的审美意识，对服装与文明的起源提供了重要的启示，它是人类走向装饰自己、美化自己之路的一个里程碑。

（三）服装的基本形制

服装的形制离不开人的基本形态，因此服装外形应依据人体的形态结构进行新颖大胆、优美适体的设计。服装在历史上出现的基本形制可概分为以下几类。

1. 披挂式

披挂式是属于原始衣着的遗留。最早人类用树叶、草藤、兽皮披裹于身御寒，当能编织布料时，才用布披裹于身。

2. 贯头式

贯头式指把布从孔洞直接套在身上的穿衣方式，即在一块长方形的布中间开一孔洞作为领口，当把头套进去以后，前、后两片布自然下垂，可用腰带系之或加纽扣。其孔可圆、可方，也可呈菱形。我国古代称之为"贯头衣"。将两块布上端的一处或两处缝合，从中部套头的古希腊长衣和古罗马的圣带等都是贯头式服装。欧洲中世纪的卡尔玛提卡装就是把布料裁成十字形中间挖领

---

① 格罗塞. 艺术的起源 [M]. 北京：商务印书馆，1984：10.

口，在袖下和体侧缝合而成的宽松式贯头衣。

3.门襟式

门襟式指前襟式服装，着装方法类似于短和服。它是从贯头式发展而来的，即把贯头式服装的两侧缝合，以避免两侧翻卷，为了便于穿脱，而在前部的中间开口。我国古代的褙子、日本的和服都属于门襟式服装。此外，还有一种斜襟式是沿口向下为斜襟形成左交于右襟上的领式。两侧各有一小布带用以系紧衣服。

4.缠绕式

缠绕式指将长方形或半圆形的布料缠或披在身上的穿着方式。这种穿着方式没有固定的服装形态，只是把一块平面的布料卷在人体上。古埃及的缠腰布，古希腊、古罗马的大长袍等均是典型的缠绕式着装方式。

5.分体式

分体式指上装与下装分开着装的形式，这是我国古代服装的基本形制。如出现在战国时期，兴起于魏晋南北朝的上、下身成套的襦裙装。除上衣下裙外，还有上着衣、下穿裤。在欧洲，古代波斯的王公贵族都是上穿宽松大袍，下穿裤子。

6.连衣式

连衣式指衣裳上下相连的着装方式。我国古代的深衣、袍服等均属于此类着装。连衣裙也是由上衣和裙子合成一体构成的裙装，腰部分割时根据腰部位置的变化，分为自然腰线的连衣裙、高腰连衣裙、低腰连衣裙等。

二、服装的分类

服装是人们日常生活中不可缺少的必需品，是融艺术和科学技术为一体的产物。随着科学技术的进步，人们的生活方式也在不断改变，人们对服装设计的花样、品种、用途等提出了更新、更高的要求；随着新材料、新工艺的涌现，服装的品种和式样也越来越复杂和多样化。虽然服装设计的种类很多，但大致可按用途、性别、季节、造型等分类。

（一）按用途分类

1.便装

便装指穿着比较随意，适合上街和上班的途中穿的服装。便装的用料自然，范围广，多用中档面料，如夹克衫、宽松衫、宽松裤等。

2.生活装

生活装指适合家庭各种活动及劳作穿的服装，可分为家庭工作服、家庭便服等，如各种围裙、睡衣、晨衣等。

3. 礼服

礼服分社交服与礼仪服两大类。这类服装是专用于参加一些礼节性场合穿用的，如参加婚礼、祭礼、招待会、宴会等。礼服要求造型优美、庄重、华贵，一般采用比较高档的面料制成，有婚礼服、丧礼服、晚礼服等。西方国家礼服又有正式晨礼服、半正式晨礼服、小晚礼服和大礼服等。

4. 职业服

职业服造型力求简洁大方，舒适实用，设计既要入时，造型又不要烦琐，重点要显示职业特点和起劳动保护作用。

5. 运动服

运动服装造型要适应各种竞技项目的要求。在设计时应考虑服装各部分结构要适应不同运动项目的特定要求，不但要反映出运动员健美的体态，而且在服装性能上做到贴体、柔软、富有弹性，适应运动员跳、跑、转动等动作的需要，并根据运动项目的不同，进行合理性、机能性的设计。运动服包括田径服、体操服、网球服、溜冰服、武术服、登山服、泳装等。

6. 舞台服

舞台服即舞台及影视用服装，是指剧情人物身上的衣着服饰，它与生活服装的区别在于它负有塑造人物形象的任务。它没有自在的目的，必须为剧情的内容服务，是塑造人物形象所借助的一种手段，它反映人物的身份、地位、处境、气质、文化和教养。舞台服装一般选用比较低档的面料。

7. 内衣

内衣可分为贴身内衣、补整内衣、装饰内衣三大类。

（1）贴身内衣：为保温、调节体温、吸湿而直接贴近皮肤的内衣。它强调人体的保健性，多采用保温、吸湿性能良好，轻柔、密贴身体而又不影响外衣穿着效果的面料。贴身内衣有汗衫、短内衣、短裤和衬裤等。

（2）补整内衣：补整内衣强调矫形性，可分为两种：一种是能弥补身体缺陷，使穿着者达到形体美的内衣；另一种是能使服装体现优美轮廓的内衣。补整内衣有胸罩、裙撑、束腰等。

（3）装饰内衣：强调装饰性，用弹性好的、滑润的面料制成，其功能是使穿在外面的衣服形体美不受影响，并能起到装饰作用，有套裙、衬裙及连胸罩的衬裙等。

（二）按性别分类

1.男装

男装要求硬而挺，要突出男性高大强壮、矫健有力、刚强果断、威武勇敢等特征，其造型特点是具有简洁有力的线条，沉着和谐的色彩，坚固耐用的衣料，便于行动的款式，能体现男性的阳刚之美。

2.女装

女装要求软而挺括，一般具备丰富的色彩、优美的轮廓、别致的造型、精美的衣料，并配以各种发型和面部化妆、服饰等，能体现女性的阴柔美。

当然，男装可以兼具阴柔之美，女装也可显示阳刚之气，阴阳相辅，刚柔相济，有时可达到服饰美的最高境界。

3.童装

童装分幼儿装、学童前装、学童期装，用料多用柔软而富有吸湿性和保温性、耐洗的织物；颜色多以淡色、鲜艳和对比度强的配色。童装造型简洁，便于穿脱，能显示儿童的天真烂漫、活泼可爱的着装特点。

（三）按季节分类

根据不同季节设计的服装，可分为春装、夏装、秋装、冬装四种。服装设计师可按不同季节的环境、气候特点，选择不同质地、不同色彩的面料，提前设计好各种季节适合穿的流行时装，以适应人们不同季节的需求。

1.春秋装

凡是适应春秋季节（春秋季节气候基本相同）穿的服装，一般均可称为春秋服装。春秋季节，气候宜人，凉中带暖，所以人们穿的服装衣料，应比夏装衣料厚些，但比冬装衣料要薄些。如条件许可，在色彩和纹样的选择上，春装、秋装要有所区别，一般讲在春季里，春光明媚，万物更新，所选择的服装色彩可以鲜艳、多彩一些，特别是青年人的服装更应如此，以求和大好的春光相和谐。而秋季是秋高气爽收获的季节，服装的色彩稍稍暗沉一些为宜。

2.夏装

夏季人们穿的服装，我们一般称为夏装。因夏季气候炎热，人们穿衣多为单件，而且衣料宜薄。作为夏装的式样结构力求简洁，色调宜淡雅清秀，衣料薄透凉快一些为宜。

3.冬装

冬装，适宜在冬季穿的服装，我们就称之冬装，如棉衣、厚呢裁制的服装、毛皮制作的服装、羽绒服装等。冬季气候寒冷，人们不仅穿的衣服较多，而且要求衣料厚实、保暖。对于冬装的要求应是能防寒，保暖性能好，尽可能轻盈柔软一些，以利身体的活动。作为冬装的颜色，可以稍稍深、暗一些。

（四）按造型分类

服装的造型门类很多，如紧身适体的有花瓶造型、卡腰的 X 型、扩张人体的 O 型、上紧下松型、上松下紧型等。但概括起来，服装的造型基本上可归纳为适体类和宽松类两大类。

1. 适体类

适体类服装造型要求松度值小，紧身适体，能体现出人体原有的优美体态。

2. 宽松类

宽松类服装造型要求松度值大，有意识地在肩宽、胸围、腰围、臀围等结构部位，加以适当或较大的夸张，来造成一种宽松、随意的着装效果。

在服装设计时选择造型，要因人的体形而异，并不是任何人都可以选用适体类服装或宽松类服装。服装造型还要随着流行而变，并且要考虑人体的特征，扬长避短，合理地选择类别。

三、服装的文化属性与社会功能

（一）服装的文化属性

文化就其本质来说，是人类智能活动的创造。在社会发展过程中人类凭借丰富的知识技能以改善社会生活的行为及其创造物，被称为文化。衣着服饰包含着人的创造过程和被物化了的人的意识观念，是人类生命活动中最具本质意义的文化形态和审美形态。它使站立起来的人类从此摆脱野蛮蒙昧的动物属性而开始进入文明的生活状态。可以说，衣着纺织的创造，在人类社会文明进步中具有不可替代的基础地位。

服装作用于人类赖以生存的社会，除充分满足人类物质生活需求以外，还体现在对人类精神文化的创造和发展的积极作用方面。服装发展史告诉我们，服装的进化在人类文明的各个时期均有特定的标记，其设计不仅是美化身体的手段，也是表现社会文化机能的一种符号，传达和表述着一定的文化信息和社会属性。就世界性服装文化的区别而言，大多数民族均有自己独特的形式和着装方式，有不同的设计和造型的风格，这些差别和特点，无疑涉及一个民族的社会风情、人文习俗、哲学信仰、审美意识、心理积淀和技术环境等宽广的领域。例如，西方文化以其基本的内容和特性，影响和决定着西方服装文化的审美内涵。在古希腊，毕达哥拉斯发现的"黄金分割律"，表现出对人体美、客观形式美的追求。东方文化注重服装的精神功能，服装作为政治的附庸而存在，在其审美观上，更偏重于伦理美之"善"的认同，强调服装与社会环境的和谐关系。

服装作为一种文化现象，具有显著的文化特性，这就是它的民族性、时代性、流行性和交流性。民族性构成各民族服装传统的独特风貌，时代性反映服装伴随社会进步的发展轨迹，流行性则显示服装发展的趋同特征，交流性是指服装与其他民族、国家和地区的不同风格的服装交流、融合，从而取长补短，不断完善的属性。总之，服装的文化特征是使服装成为文化现象的结构要素，是认识和了解一个民族、一个国家的精神文化生活的重要途径。

（二）服装的社会功能

人类因社会生活的需求而创造衣着服饰，同时又因衣着服饰而走向社会生活，形成一定的社会角色。在我国古代，一定的服饰章纹是社会政治秩序、道德秩序的标志。人们常会把服装和人穿着行为的某一方面加以神圣化和扩大化，衣冠服饰成为统治阶级"严内外，辨亲疏"的工具，不仅不同身份等级的人穿着的造型、色彩、质地有别，而且其内在意义也不相同。当然，不同社会时代下形成的服饰内容，塑造出的文化服饰符号也存在差异。例如，始于周代的冕服，宽袍大袖表现了"天子以四海为家，不壮不丽无以重威"的思想；黄色作为一种符号，传递了"只有皇帝才能享用"的无声语言；还有服饰中的十二章纹饰、汉代的佩绶制度、唐代的"品色服"、宋代的束带及幞头、明代的巾帽、清代的花翎等，都被用来标示着着装者的社会地位。这是服饰特有的一种社会认知功能。

人的视觉、知觉、心理结构和情感是感知美、体验美的载体，它们对来自于物的美进行判断、选择和接受，从而实现其审美价值。服饰文化形态，实质上是一定社会的人认识自己、表达自己的物化形态。由于服饰是介于个人与社会之间的重要一环，它既要表现自我，又要使社会认同，这不仅从一般生活方式中可以体现出来，而且可以从具有宗教性、道德性、社会政治性的活动方式中表现出来。因此，人类着装的美化，是群体生存的心理需要，并随着社会思潮和审美取向而变化，具有表现世态人心、思想倾向的先导性特征，同时，随着地域习俗与心理观念的传承而类聚，形成各具特色的民族性特征。生活在不同地区的不同的民族则用服饰的各个要素（造型、色彩、纹样等）来表达自己内在的情感，寄托自己对美好生活的愿望。随着社会文化交往的频繁，民俗融合汇集而走向同化，逐渐显示出心理追求的趋同性特征。

以服饰来表达对社会的倾向，在现代社会较多。例如，美国在 20 世纪 60 年代后出现的"嬉皮士""朋克"以及现在所谓的"新人类""新新人类"等，在服饰上别具一格、与众不同，甚至奇装异服，表达的就是对社会的一种反叛观念。在生活中，我们的任何一种选择就是一种生活主张的言说，并以此展现我们的个性。而服装作为人与社会、人与人之间的一种"缓冲"和"纽带"，更直接、更细腻地表达着人们的生活态度、审美和文化理想。

美国哥伦比亚大学哲学教授巴尔指出，服装的功能，在生活上，是为了适用、舒适；在艺术上，是为了装饰、美观，具有独特的式样、色彩；在社会上，它反映了人们的思想、社会地位、经济状况、文化素质、个人兴趣、职业等。[①]这种社会性心理因素还表现在羡慕并要求新颖，要求在式样上处于领先地位，要求表现形体的美，这也促进了服装式样不断地变化和发展。另外，服装还有表现男女性别的符号意义，反映出社会以及男、女对各自角色的审美、观念和心理趋向。

第二节　服装的基本概念与常用术语

一、基本概念

（一）服装相关的基本概念

（1）衣服：包裹人体躯干部的衣物，包括胴体、手腕、脚、腿等遮盖物之称。一般不包括冠帽及鞋履等物。

（2）衣裳：衣裳可以从两个方面理解，一是指上体和下体衣装的总和。《说文解字》称："衣，依也，上曰衣，下曰裳。"二是指按照一般地方惯例所制定的服装，例如民族衣裳、古代新娘衣裳、舞台衣裳等。也特指能代表民族、时代、地方、仪典、演技等特有的服装。

（3）衣料：衣料是指制作服装所用的材料。

（4）成衣：成衣是指近代出现的按标准号型成批量生产的成品服装，这是相对于在裁缝店里定做的服装和自己家里制作的服装而出现的一个新概念。现在在服装商店及各种商场内购买的服装一般都是成衣。

（5）时装：时装可以理解为时尚的、时髦的、富有时代感的服装，它是

---

① 冷绍玉 . 服装功能研究综述 [J]. 丝绸 ,1988(7):34 ～ 36.

相对于历史服装和已定型于生活当中的衣服形式而言的。现在人们为了赶时髦，或出于经济上的目的，把原来的服装店、服装厂、服装公司都改为了时装店、时装厂、时装公司。"时装"则是比较流行的时髦术语。在国际服饰理论界，时装至少包含着以下三个不同的概念，即：Mode、Fashion、Style。

Mode，源自拉丁语 Modus，是方法、样式的意思。与 Mode 相似的词还有 Vogue，这个词也有"尝试"的意思，在某种程度上，它是指那些比 Mode 还要领先的最新趋势的作品。

Fashion，一般翻译为"流行"，指时髦的样式。还包含物的外形，上流社会风行一时的事物、人物、名流等意思。作为服饰用语，Fashion 与 Mode 相对是指大批量投产、出售的成衣或其流行的状态。

Style 一词源于拉丁语 Stilus，是指古人在蜡纸上写字用的铁笔、尖笔。Style 有书体、语调等意，它作为文学用语，最初用来指作家的文体、文风等，后来又逐渐演变为表现绘画、音乐、戏剧等艺术上的表现形式的用语。随后又涉及建筑、服装、室内装饰、工艺等一切文化领域，被释为"样式""式样"。

（6）制服：制服是指具有标志性的特定服装，如宾馆饭店员工服装、工厂企业工作服、学生服、军服、警服等。

（二）服装结构相关的概念

（1）服装结构：服装各部件和各层材料的几何形状以及相互结合的关系，包括服装各部位外部轮廓线之间的组合关系、部位内部的结构线以及各层服装材料之间的组合关系。服装结构由服装的造型和功能所决定。

（2）结构制图：亦称"裁剪制图"。对服装结构，通过分析计算在纸张或布料上绘制出服装结构线的过程。

（3）结构平面图：亦称平面裁剪。分析设计图所表现的服装造型结构的组成数量、形态吻合关系等，通过结构制图和某些直观的实验方法，将整体结构分解成基本部件的设计过程，是最常用的结构构成方法。

（4）结构立体构成：亦称立体裁剪。将布料复合在人体或人体模型上剪切，直接将整体结构分解成基本部件的设计过程。常用于款式复杂或悬垂性强的面料服装结构。

（5）线条：线条主要包括基础线、轮廓线、结构线三种。

①基础线：结构制图过程中使用的纵向和横向的基础线条。上衣常用的横向基础线有基本线、衣长线、落肩线、胸围线、袖窿深线等线条；纵向基础线有止口线、叠门线、撇门线等。下装常用的横向基础线有腰围线、臀围线、横裆线、中裆线、脚口线等；纵向基础线有侧缝直线、前裆直线、前裆内撇

线、后裆直线、后裆内撇线等。

②轮廓线：构成服装部件或成型服装的外部造型的线条，简称"廓线"。如领部轮廓线、袖部轮廓线、底边线、烫迹线等。

③结构线：能引起服装造型变化的服装部件外部和内部缝合线的总称。如止口线、领窝线、袖窿线、袖山弧线、腰缝线、上裆线、底边线、省道、褶裥线等。

（6）图示：图示主要包括示意图、设计图、效果图三种。

①示意图：为表达某部件的结构组成、加工时的缝合形态、缝迹类型以及成型的外部和内部形态而制定的一种解释图，在设计、加工部门之间起沟通和衔接作用。有展示图和分解图两种。展示图表示服装某部位的展开示意图，通常指外部形态的示意图，作为缝纫加工时使用的部件示意图。分解图表示服装某部位的各部件内外结构关系的示意图。

②设计图：设计部门为表达款式造型及各部位加工要求而绘制的造型图，一般是不涂颜色的单线墨稿画。要求各部位成比例，造型表达准确，工艺特征具体。

③效果图：亦称时装画。设计者为表达服装的设计构思以及体现最终穿着效果的一种绘图形式。一般要着重体现款式的色彩线条以及造型风格，主要用于设计思想的艺术表现和展示宣传。

二、服装常用术语

当今社会，随着经济的迅猛发展，以及现代化的实现，专业用语（术语）越来越受到人们的重视。社会的发展，知识日趋丰富，术语的数量也急速增长，而且已成为社会文明的特征之一。术语是科学文化的产物，科学文化越发达，术语越丰富，术语的制定和规范化的问题也就越来越不容忽视。而且在现代文明复杂的世界中，几乎所有使用语言的领域，都在不同程度上存在着一种追求越来越精确的倾向。服装术语也不例外，近几年我国纺织服装业迅猛发展，新技术、新材料、新工艺及新产品开发日新月异、层出不穷，服装术语成为表达、存储、传递和交流服装技术信息的手段和桥梁。

（一）服装术语概念及其意义

1.服装术语的概念

术语是通过语言或文字来表达或限定专业概念的约定性的符号，是对概念的一种语言表达，而且这种表达是受到一定条件的限制的。在一个专业领域中，术语和概念之间应是一一对应的，即一个术语只表示一个概念，一个概念只有一个指称，也就是只由一个术语来表示。的确如此，术语是定义明确的专业名词，是专业学术体系中的知识单元，而规范的术语常常要经过业界权威机构审定通过，在专业范围内仅具单义。这样做是非常有必要的，否则在对于同一专业研究的各方研究者对于同一个概念表达不同，那么就无法进行有效的交流了。而服装术语是服装领域中概念的语言指称，它是对服装专业中概念的约定性的符号。通过对于这些语言指称进行标准化工作来建立一个标准化的服装术语集，以使服装用语达到科学和统一。

2.服装术语标准化的意义

服装术语标准化是一个活动过程，这个过程以制定标准、贯彻标准、达到统一为目的。随着科学技术的进步和人类实践经验的不断深化，还要重新修订，以达到新的统一，周而复始，不断循环，螺旋式上升，而每一次循环，每一次新的统一，都使标准的水平达到一个新的阶段。从某种意义上来说，服装术语的标准化工作先于技术标准化。

由于在服装领域，同时有许多专家各自进行着自己的工作，有研究工艺的，有研究式样的，也有研究服装外贸出口的等，如果没有建立统一的服装术语集，对于相同的事物，不同研究领域的各学者可能会用不同的概念来命名；对于不同的事物，又可能会用相同和相近的概念来命名；这就会导致服装领域中服装术语命名的混乱。为减少这种混乱现象的发生，在建立服装技术标准化之前，必须先进行服装术语的标准化，当术语的命名得到协调以后，才可以大大加速技术标准化的步伐。

从小的方面来说，服装术语标准是认识事物和学习知识的一个有效途径，术语标准的编写有明确的规定，内容丰富，信息量大，利于对客体的认识。而从大的方面来说，服装术语是我国服装业中制定其他技术标准的基础，而且随着我国服装业的迅猛发展和新技术的不断应用，服装术语所起的作用将格外突出。当然，随着服装术语工作的不断深入，现有服装术语标准需要修订，才能使其内容进一步完善，从而使其在服装设计、生产、贸易及科研中发挥更大的指导作用。

（二）服装的常用术语

1.服装成品名词术语

（1）西服：上衣的一种形式，按钉纽扣的左右排数不同，可分为单排扣西服和双排扣西服；按照上下粒数的不同，可分为一粒扣西服、两粒扣西服、三粒扣西服等。粒数与排数可以有不同的组合，如单排两粒扣西服、双排三粒扣西服等；按照驳头造型的不同，可分为平驳头西服、戗驳头西服、青果领西服等。西服已成为国际通行的男士礼服。

（2）中山服：又称中山装，根据孙中山先生曾穿着的款式命名。主要特点为翻立领、前身四个明贴袋，款式造型朴实而干练。

（3）夹克衫：指衣长较短、宽胸围、紧袖口、紧下摆式样的上衣，有翻领、关门领、驳领、罗纹领等。通常为开衫、紧腰、松肩，穿着舒适。单衣、夹衣、棉衣都有，男女老少皆可穿着。有的还形成套装，如男式配牛仔裤、女式配裙子等。

（4）旗袍：女性服饰之一，源于满族女性传统服装，当今学术界主要的观点认为"旗袍"指民国旗袍，在民国时期发展成熟并形成较稳定形态的女子袍服。

（5）套装：套装有上下衣裤配套或衣裙配套，或外衣和衬衫配套。通常由同色同料或造型格调一致的衣、裤、裙等相配而成。其式样变化主要在上衣，一般以上衣的款式命名或区分品种。凡配套服装过去大多用同色同料裁制。近年来也有用不是同色同料裁制的，但套装之间造型风格基本一致，配色协调，给人的印象是整齐、和谐、统一。

（6）衬衫：穿在内外上衣之间，也可单独穿的上衣。衬衫最初多为男用，20 世纪 50 年代渐被女子采用，现已成为常用服装之一。

（7）西裤：主要指与西装上衣配套穿的裤子。由于西裤主要在办公室及社交场合穿着，所以在要求舒适自然的前提下，在造型上比较注意与形体的协调。裁剪时放松量适中，给人以平和稳重的感觉。

（8）西服裙：又称西装裙，它通常与西服上衣或衬衣配套穿着。在裁剪结构上，常采用收省、打褶等方法使腰臀部合体，长度在膝盖上下变动，为便于活动多在前、后打褶或开衩，多和黑色、肉色长筒丝袜或连裤丝袜搭配，作为女性正式社交场合的装束。

（9）风衣：一种防风雨的薄型大衣，又称风雨衣，适合于春、秋、冬季外出穿着，是近二三十年来比较流行的服装。由于造型灵活多变、健美潇洒、美观实用、携带方便、富有魅力等特点，深受中青年男女的喜爱。

（10）大衣：一种常见的外套，衣摆长度至腰部及以下。大衣一般为长袖，前方可打开并可以纽扣、拉链、魔鬼毡或腰带束起，具保暖或美观功效。在古代，大衣指代古代女性的礼服，名词起源于唐代，沿用至明代。现在所称的西式大衣约在 19 世纪中期与西装同时传入中国。

2.服装部位术语

（1）衣领：位于人体颈部、起保护和装饰作用的部件，包括领子和领子相关的衣身部分。狭义则单指领子。

（2）门襟、里襟：门襟、里襟在人体中线部位，锁扣眼一侧的衣身部位为门襟，钉扣一侧的衣身部位为里襟。

（3）止口：止口也叫门襟止口，是指成衣门襟的外边沿。

（4）搭门：指门襟与里襟叠在一起的部位。

（5）驳头：衣身上随着领子一起向外翻折的部位。

（6）驳口：驳头里侧与衣领的翻折部位的总称，是衡量驳领制作质量的重要部位。

（7）袖窿：也叫袖孔，是衣身装袖的部位。

（8）袖山：是袖片上呈突出状，与衣身的袖口处相缝合的部位。

（9）胸围：指衣服胸部最丰满处。

（10）腰节：指衣服腰部最细处。

（11）肩缝：是在肩膀处，连接前后肩的部位。

（12）前过肩：是连接前身与肩合缝的部件，也叫前育克。

（13）后过肩：也叫后育克，指连接后衣片与肩合缝的部件。

（14）背缝：又叫背中缝，指后身人体中线位置的衣片合缝。

（15）上裆：又叫直裆或立裆，指腰头上口斜横裆间的距离或部位。

（16）烫迹线：又叫挺缝线或裤中线，指裤腿前后片的中心直线。

（17）横裆：指上裆下部的最宽处，对应于人体的大腿围度。

（18）中裆：指人体膝盖附近的部位，一般为臀围线到脚口的二分之一处。

（19）省：是为了符合人体曲线而设计的，将一部分衣料缝去，而做出符合人体的曲面或者消除衣片的浮余量的不平整部分。省由省道和省尖组成，省尖指向人体的突起部位。

（20）裥：指为适合体型及造型需要，在裁片上预留出的宽松量，通常经熨烫定出裥形，在装饰的同时增加可运动松量。

（21）褶：是为符合体型和造型的需要，将部分衣料缝缩而形成的自然折皱。

第三节　服装制图基础知识

一、服装制图的工具与符号

（一）制图常用工具

1. 笔

在服装制图中常用的笔有铅笔、绘图墨水笔、蜡铅笔、描线笔、划粉等。铅笔常用的型号为 2H、H、HB、B 和 2B 等。H 型号铅笔主要用于辅助线和基础线的绘制，B 型号铅笔用于结构线等的绘制，可根据制图需要进行选择。蜡铅笔可用于特殊标记的复制，如省尖、袋位等。划粉主要用于把纸样复制到面料上。

2. 尺

结构制图中常用的尺有直尺、三角尺、软尺、曲线尺、比例尺等。直尺和三角尺是主要的制图工具，用于绘制直线等；曲线尺主要用于绘制袖笼、袖山、侧缝、裆缝、侧缝线、袖缝线等弧线；软尺是可以任意弯曲的尺，一般用来测量直尺不能测量的弧线长度的尺子；比例尺是用来按一定比例缩小或放大绘制结构图的尺子，方便尺寸的计算。

3. 其他工具

剪刀也是常用的工具之一，剪布的剪刀注意要与剪纸样的剪刀分开使用。此外，还有锥子、圆规、描线器、打孔器等工具。锥子用于纸样的定位，钻孔作标记；圆规用于缩小制图练习或者较精确的设计；描线用于纸样复制。

（二）服装制图中基本部位的代号

服装部位代号是为了方便制图标注，在制图过程中表达以及总体规格设计。部位代号是用来表示人体各主要测量部位，通常以该部位的英文单词的第一个字母为代号，以便于统一规范，见表 1-1。

表 1-1　服装制图基本部位代号

部位名称	代号	部位名称	代号
胸围	B	衣长	L

部位名称	代号	部位名称	代号
胸围线	BL	前衣长	FL
腰围	W	后衣长	BL
腰围线	WL	前中心线	FCL
胸高点	BP	后中心线	BCL
侧颈点	SNP	前腰节长	FWL
前颈点	FNP	后腰节长	BWL
后颈点（颈椎点）	BNP	前胸宽	FBW
肩端点	SP	后背宽	BBW
领围	N	肩宽	S
前领围	FN	裤长	TL
后领围	BN	前上裆	FR
臀围	H	后上裆	BR
中臀围线	MHL	袖山	AT
肘线	EL	袖肥	BC
膝盖线	KL	袖窿深	AHL
袖窿	AH	袖口	CW

（三）服装制图符号

在服装结构制图中，为了正确表达各种线条、部位、裁片的用途和作用，需要借助各种符号。因此，需要对服装制图中各种符号作统一的规定，使之规范化，减少理解差异引起的误解，使得制图更加简洁明了，见表 1-2。

表 1-2　服装制图符号

序号	符号形式	名称	说明
1	△　　2	特殊放缝	与一般缝份不同的缝份量
2	▨	拉链	装拉链的部位

序号	符号形式	名称	说明
3		斜料	用有箭头的直线表示布料的经纱方向
4		阴裥	裥底在下的折裥
5		明裥	裥底在上的折裥
6	○△□	等量号	两者相等量
7		等分线	将线段等比例划分
8		直角	两者成垂直状态
9		重叠	两者相互重叠
10		经向	有箭头直线表示布料的经纱方向
11		顺向	表示褶裥、省道、覆势等折倒方向（线尾的布料在线头的布料之上）
12	∿∿∿	缩缝	用于布料缝合时收缩
13		归拢	将某部位归拢变形
14		拔开	将某部位拉展变形
15	⊗◎	按扣	两者成凹凸状且用弹簧加以固定
16		钩扣	两者成钩合固定
17		开省	省道的部位需剪去
18		拼合	表示相关布料拼合一致
19		衬布	表示衬布
20		合位	表示缝合时应对准的部位
21		拉链装止点	拉链的止点部位
22		缝合止点	除缝合止点外，还表示缝合开始的位置，附加物安装的位置
23		拉伸	将某部位长度方向拉长

序号	符号形式	名称	说明
24		收缩	将某部位长度缩短
25		钮眼	两短线间距离表示钮眼大小
26		钉扣	表示钉扣的位置
27		省道	将某部位缝去
28	（前）（后）	对位记号	表示相关衣片两侧的对位
29	或	部件安装的部位	部件安装的所在部位
30		布环安装的部位	装布环的位置
31		线袢安装位置	表示线袢安装的位置及方向
32		钻眼位置	表示裁剪时需钻眼的位置
33		单向折裥	表示顺向折裥自高向低的折倒方向

二、服装制图的常用方法

（一）比例法

1.比例法的概念

比例法是一种比较直接的方法。在测量人体主要部位尺寸后，根据款式、季节、面料质地和穿着者的习惯加上适当放松量，得到服装各控制部位的成品尺寸，再以这些控制部位的尺寸按一定比例公式推算其他细部尺寸来绘制服装结构图，甚至可以直接在面料上画图裁剪。这种方法适用于结构简单、款式固定、变化局部小的服装。比例法是我国服装行业中一种传统的方法。近些年来，随着各派别原型法的出现以及人们对服装的高标准要求，比例法的运用率稍稍受到冲击。现如今，一些裁剪师和一些小型的服装作坊以及业余的服装爱好者大多采用这种方法。

2.比例法的细分

如果将比例法做进一步的细分，主要有以下几种为人所熟知的方法。

（1）胸度法：依据人体胸围和人体其他部位的比例推算出服装各个部位

的尺寸，进而进行结构制图的方法。根据所用比例的不同，胸度法又可划分为三分法、六分法、四分法、八分法、十分法等。

（2）短寸法：服装大多数部位的尺寸直接取自测体，即首先准确地测量出人体的前胸、后背、肩部、颈部、腰部等部位的尺寸，然后按这些尺寸进行结构制图。这种方法常用于制作高度贴和人体的服装结构图。

（3）定寸法：这是一种非常原始的结构制图法，对于服装所有的具体部位，都各有一套固定的经验数据。制图时只需按照服装尺寸和款式要求，凭经验直接画出辅助线和轮廓线。定寸法只适用于一般的正常体型。

由于短寸法和定寸法的应用具有局限性，多用于单件服装定做，不适合批量生产服装的企业，所以常用的比例法一般多指胸度法。

3. 比例法制图的优缺点

（1）比例法制图的优点

比例法制图简单易学，适合初学者，是我国服装行业运用多年的裁剪方法。另外，对于一些程式化的服装款式，如西裙、西裤、衬衫、西装等，比例分配法的经验公式非常成熟、准确，设计者可以放心进行参照，直接套用公式，简单正确，并可以在面料上直接裁剪，方便快捷。

（2）比例法制图的缺点

第一，比例法制图对于操作者经验的依赖程度高。一方面，比例法制图要根据款式分类来确定放松量，这一点多来自实践经验的积累；另一方面，比例法制图以成衣的胸围为基数，然后在公式中加入经验调节数，而服装结构设计方法具有个人和区域特色，人不同，地域不同，经验数也就不同，从而导致计算公式的准确性较差。在实践过程中，中号尺寸计算误差较小，过大或过小规格的尺寸误差则会偏大，某些部位还必须进行一些修正，才能达到要求。第二，比例法是平面结构制图的方法，平面的纸样与立体的服装之间缺乏直观形象的联系。第三，对于分割变化多的女式服装，制版时使用比例法，就难以把握，难以达到理想的效果。

（二）原型法

1. 原型法的概念

原型法是一种间接的裁剪方法，它首先需要绘出合乎人体体型的基本衣片，即"原型"，然后按款式要求，在原型上做加长、放宽、缩短等调整来得到最终服装样板图。这种方法相当于把结构设计分成两步：第一步是考虑人体的形态，得到一个符合人体的基本衣片；第二步是考虑款式造型的变化，以基本衣片为基础，根据款式要求进行各个部位的加长、放宽、开深等。这样一旦原型建立好，结构设计就能很直观地在原型上做调整，减小了结构设计的难度，这种方法在国际上广泛使用，可以说是一种比较先进的方法，适用于各种服装。

2.原型的获得

人体是复杂的曲面体，其曲面在不同部位有不同的形态，要了解细致的人体形态必须要有正确的测定方法。体表面展开法是研究人体形态与服装结构关系的好方法，体表面展开法一般采用石膏带法。测定时在被测者体表描画基本线，上方至第七颈椎点，下方至臀部突出，并在基本线之间作水平方向和垂直方向的等分线，然后敷上石膏粉使体表固定，待石膏硬化后进行二维展开，通过对展开图的合理简化，得到人体曲面的基本结构，这种基本的结构就是原型。在进行二维展开时，前衣片以前中线、胸围线为基准线展开可以得出图1-1，这个图就是前衣片原型来源的基本图。因此可以说原型是人体结构的真实体现，是各类实用的服装结构图的基础。

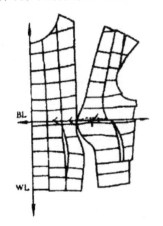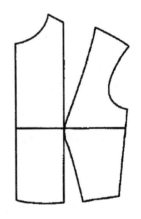

图1-1　原型前衣片基本图

当然，我们还可以用其他的方法制作原型。可以先测量人体各部位的尺寸，并将其比例化，在此基础上计算出各部位尺寸，然后用这些尺寸作出平面图形，从而得到原型。也可以用坯布在人台上用大头针别出轮廓或扎出版型，然后从人台上移取下来，放在平面上依轮廓线描画成样板从而得到原型。

3.原型法制图的优缺点

（1）原型法制图的优点

首先，原型法制图是以人体为本的制图方式，较为适体，也更科学。其次，原型具有广泛的体表覆盖率和通用性，特殊体型也可以制出与之相符的原型。再次，原型法制图可极大地减少计算、绘制等基础性的劳动。最后，原型法制图变化应用型较强，即便是分割变化多的女装款式，无论多么复杂，都可以通过剪开推放或剪开拼合的手法来完成。

（2）原型法制图的缺点

原型法制图是按正常人体绘制的，对于不同体型，必须对原型的某些部位做出一些修正后，才能按修正过的原型进行制图裁剪。这种修改需建立在积累一定经验的基础上。此外，原型法制图不是一次性成型，比较烦琐，相对于比例法制图来说成本偏高。

第二章　服装与人体

第一节　人体结构与特征

人体是服装形态的基础，是服装设计的重要依据。为了使服装能符合人的生理特点，让人在穿着时处于舒适的状态和适宜的环境之中，就必须要求服装设计人员充分了解人体的基本构造和人的基本体型，熟悉有关人体体型基本数据，并将其与形式美的法则原理研究结合起来，使自然属性的人的体形特征通过合适的服装结构达到外在美的理想标准。

一、人体结构

（一）人体的基本结构

1. 人体骨骼

人体骨骼是人体结构的支撑系统。人体体型主要决定于骨架，骨架是由二百多块不同形状、大小的骨骼组成，并有机地形成人体各部位的骨骼系统。骨骼结构决定着人体的基本造型。因此，人体体型的大小、各部位的比例、基本形状等均由骨骼所决定。人体骨骼的端点或突出点称为"骨点"，骨点是认识人体形态特征和进行人体测量的重要标记，如肩点、肘点等。

骨骼有支撑人体体重的作用，人的平衡姿势必须是各部分重力通过合力、分力作用到骨骼，并传递到骨骼与地面的交点的，因而人的动态活动范围也必须在骨骼转动的范围之内。不懂得人体骨骼结构和活动范围，自然难以设计出合理的服装结构。

2. 人体肌肉

人体肌肉附着于骨骼与关节之上，正所谓"骨居内，肉居外"，肌肉是人体表面形态的决定因素。人体肌肉的收缩会牵动着人体产生动作，"骨因肉而动，肉因骨而静"。人群中不同的体型形态，或丰满，或瘦小都与人的肌肉发育状况有着直接的关系。人体肌肉形状对服装的结构或成衣尺寸有着十分重要的影响作用。

（二）人体结构与服装的关系

1.人体骨骼与服装的关系

成年人的身体有 206 块骨头。这些骨头靠关节的相互连接，从而构成奇特而复杂的人体骨架。其中对服装结构产生影响作用的大致有以下几种。

（1）脊柱

脊柱是人体躯干的主体骨骼，支撑着头部和胸腔，是人体躯干的支柱。脊柱由 7 节颈椎、12 节胸椎、5 节腰椎组成，起到支撑头部、连接胸腔和骨盆的作用。整个脊柱各部略呈弯曲状，其中对服装结构产生影响作用的是第七颈椎（由上向下），它不仅是头部和胸部的连接点，也是后背衣长的测定点。

（2）锁骨

锁骨位于颈和胸的交接处，成对称状。其内端和胸锁乳突肌相接形成颈窝，其外端与肩胛骨、肱骨上端会合构成肩关节，从而在服装结构上成为前颈点与肩端点的标志。

（3）肩胛骨

肩胛骨位于背部上端，呈三角形状。其上部凸起的形状，是服装肩部和背部造型结构的依据。由此形成在女式服装的后背原型处要设有肩省，在男女服装的过肩分割处要设有褶份。由于肩关节在人体活动中最为频繁，直接影响着手臂的运动，因此，在服装结构上，后背的宽度要比前胸的宽度略大一些。

（4）髋骨

骨盆是人体躯干中稳固的基座，连接着躯干和下肢，由髋骨（包括髂、耻骨）、骶骨、尾骨组成。髋骨的外侧与股骨连接构成股关节。股关节介于躯干和下肢之间，对服装结构而言，无论是上装还是下装都显得极为重要，它也是臀围线的关键标志。

（5）膝盖骨

膝盖骨学名髌骨，位于股骨与胫骨、腓骨的连接处，是一块很小的骨头。膝关节只能后屈，不能前弯。在服装结构上以此为测定点，作为服装长度（如衣长、裙长等）设计的依据。

2.肌肉与服装的关系

人体内有 600 多块肌肉，对服装结构设计产生影响作用的只占总数的一小部分。

（1）胸锁乳突肌

胸锁乳突肌上起耳根后部，下至锁骨内端，形成颈窝，具有屈伸头部和使颈部左右旋转的功能。其形状的大小影响到颈部的外形，从而影响到颈部与服装衣领的关系。

（2）胸大肌

胸大肌位于胸骨两侧，呈对称状。外侧与三角肌会合形成腋窝。男性的胸大肌几乎遮盖了整个胸部，为躯干部胸廓最丰厚处，而女性有丰满的乳房更显得突出。胸大肌是测定胸围线的依据，服装结构中前片的劈门与省量大小，也多参照它的大小形状而择定。

（3）斜方肌

斜方肌位于人体肩胛骨上方，是后背较发达的肌肉，男性尤为突出。由于斜方肌上连枕骨，左右与肩胛骨外端相接，外缘形成自上而下的肩斜线，所以它直接影响到服装的肩和背部的结构造型。此外，斜方肌与胸锁乳突肌的交叉结构又形成了侧颈点标志，并由它影响服装领口变化。

（4）三角肌

三角肌位于斜方肌两侧，像三角形包着肩关节。人体手臂活动加剧，会使三角肌产生很大的变化，从而直接影响到服装袖山的造型与变化。

（5）背阔肌

背阔肌位于肩胛骨下方，与腰部有韧性的薄纤维组织——腰背筋膜一起构成上凸下凹的人体体型特征，从而形成服装背部收腰的结构。

（6）臀大肌

臀大肌位于腰筋膜下方，是臀部最丰满处，构成臀部的形状，女性尤为突出，它对于服装下摆、裙、裤臀围处的造型与围度关系极为密切。

二、人体特征

（一）人体的比例

1.常见的人体比例

人体比例是人们审美标准的一种体现，也是客观存在的。不同的种族、不同的年龄、不同的性别，人体的各部位的比例自然也会存在差异，其中以头部与躯干长度比例表现得最为明显。我国成年男女常见的人体比例多为七头至七头半高。

2.人体比例与年龄的关系

在众多的影响因素中，年龄是影响人体比例最突出的一个因素，不同的年龄段，人体比例存在着较大的差异。具体来说，人体体形生长变化规律大致可以分为如下几个阶段。

（1）幼年阶段

幼年阶段（1～3岁）的特点是头颅大、颈部短，腹部较为突出，身高比例为4～5个头高。

（2）学龄前儿童阶段

学龄前儿童阶段（4～6岁）这一阶段的体形发展逐渐趋于平衡，腹部趋于平坦，身高比例为5～6个头高。

（3）学童阶段

学童阶段（7～12岁），男、女学童的差异逐渐显现出来。男学童的肩宽变宽，骨骼变发达；而女学童胸围、腰围、臀围的尺寸差异略有增加。但总体上身高的比例均为6～7个头高。

（4）青少年阶段

青少年阶段（13～18岁）是人全面发展的阶段，身体开始发育，骨骼、肌肉逐渐发展成型，身高比例为7～7.5个头高。

（5）成年阶段

成年阶段（18岁以后），人成年之后身体比例基本定型，除去特殊的发胖和消瘦之外，体型变化一般不大，身高比例通常为7～7.5个头高。

（6）老年阶段

进入老年阶段（60岁以后）后，人体的骨骼和肌肉开始出现萎缩，甚至变得弯腰驼背，人体体型又过渡到非正常体型阶段，身高比例约为7个头高。

总而言之，人体出生后的生长变化规律是头颅变化慢，躯干、四肢快，其身高比例逐步增大，直至7～7.5头高的正常体型稳定下来，到老年阶段，体型变得不正常，身高比例关系又趋向不正常。

（二）人体体型

1.人体体型分类

要使服装裁制合体、适体，必须对人体体型有较全面的了解。人体体型就是人体的外形轮廓，由于受年龄、性别、职业、体质强弱、种族遗传以及发育等条件的影响，人们形成了不同的体型，一般可分正常体和非正常体（即特殊体型）两大类。凡胸、背、肩、腹、臀、四肢等发育均衡者均称为正常体。

凡人体全身或局部长度、宽度不合正常比例，或某些部位外形生理表现异常，或左右不对称，或前后不均衡等，均为非正常体。非正常体的表现形象是多方面的，常见的有如下几种，部分可参考图 2-1。

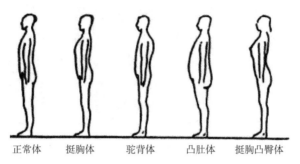

正常体　　挺胸体　　驼背体　　凸肚体　　挺胸凸臀体

图 2-1　人体体型分类图示（部分）

（1）矮胖体：矮胖体是一总称。其体型特征又可细分为：一般矮胖体，其腹部不十分大；明显矮胖体，其胸、腹肥胖，后背较平坦；凸肚肥胖体，其腹部异常发达，高于胸部；矮胖驼背体，其肚子大，背向前驼屈，中心轴向前弯；矮胖厚实体，多见于健壮的青年人，胸、背都较宽厚。

（2）瘦身体：身体消瘦单薄。瘦体的人穿上一般正常体的服装时，衣服显得松垮耷拉，出现纵向皱褶。

（3）挺胸体：身体侧面有厚实感，胸部前挺，后背平坦，头部略向后仰。

（4）鸡胸体：胸部肋骨明显突出，如同鸡胸状，这种体型往往伴随着臀部往后突的现象。

（4）瘦胸体：这主要是指女体而言，胸部平瘪，乳房发育不良或年老后下坠。一般地，凡瘦胸体者，背部略凸。

（6）驼背体：背部肩胛骨一带呈弓形驼背，脖颈及背部向前伸倾，胳膊也向前垂，胸部则较凹平。

（7）凸背体：凸背体类似驼背体。背部突出，但比驼背体轻微，背宽胸窄，头部向前，上体略呈弓字形。穿正常体型上衣时，则会显得前长后短，后衣片会绷紧、吊起。

（8）肉肚体：腹部突出，臀部并不显著突出，腰部的后中心轴向后倾倒。穿着正常体的裤子后，使裤子腹部绷紧，下坠，前开襟处起斜褶，侧缝边插袋绷开。

（9）凸肚体：腹部凸出，从侧面看，腹部超出胸部。

（10）凸肚凸臀体：肚腹及臀部都比较厚实凸出，腰部中心轴向后倾倒，但整个下半身前后平衡。穿着正常体裤子后，前门襟处会起斜褶，侧缝袋绷裂，后缝下坠、卡紧并引起斜形褶皱。

（11）挺胸凸臀体：上半身背部平坦，稍微挺身，乳房高而前长（女体），颈脖略向前倾。腹部稍平，呈屈身状，臀部挺而突出，整个身体略向前倾。

（12）凸臀体：凸臀体上体挺胸，腹部正常，臀部大而突出，腰部中心轴倾斜。穿上正常体裤子后，臀部绷紧，后裆缝下坠并卡紧起斜皱。

（13）落臀体：臀部肌肉发达，但位置低落。裁制裤子时后裆缝宜略长而直。

（14）平臀体：平臀体又称瘪臀体，臀部较小而扁平。穿上正常体裤子后，后裤缝会过长而沉落，并起横形皱褶。

（15）前倾体：从侧面观察下半身，中心轴线向前倾倒，腹部平坦或稍凹，臀部稍微突出，腰节至臀部呈现前短后长。穿上正常体型裤子后，腹部起涌，前裆起横皱，后裆缝绷紧，后腰口往下拉紧，侧缝起皱。

（16）后倾体：从侧面观察下半身，中心轴线向后倾斜，腹部突出，臀部前倾，脚部后挺。穿上正常体型裤子后，前裆短，后裆长。前腰口向下拉紧，前裆和侧缝起皱，后裆缝有余势并起涌。

（17）端肩体：端肩体又称平肩体。两肩端平，通常多见于瘦体的人。穿上正常体型上衣时，上衣肩头有拉紧感，领口部位起涌，门襟、里襟止口豁开。

（18）溜肩体：溜肩体也叫重肩体，最易从人体后面观察出来，通常多见于肥胖体人。其颈项脖根往往比正常体稍粗。穿上正常体服装，则会出现肩部起斜皱和衣领显紧的弊病。

2. 常见的体型缺陷

常见的体型缺陷有如下几种，如图 2-2 所示。

（1）窄肩：窄肩即较严重溜肩的俗称。肩的斜度较大，呈八字形。

（2）端肩：两肩端平，并略带上跷耸起，裁制服装时，落肩宜小，袖窿宜深，否则肩部会有绷紧的感觉。

（3）高低肩：左右两肩高低不一，即肩的斜度不同。一肩稍平，另一肩则较低落，如果穿上肩部对称的上衣，低肩一边的下部会出现斜皱。

（4）肩胛骨突出：一侧肩胛骨显著隆起。穿着上衣后，肩胛骨突出的一面肩部吊起，衣服的下摆边部不平齐。

（5）O型腿：O型腿又称罗圈腿或内撇脚，又称为膝内翻。这种体型的腰节以下至臀下弧线一般是正常的。臀下弧线至脚跟则呈现两膝盖向外弓，两脚向内偏，下裆内侧呈椭圆形。对裤子的影响：因腿呈 O 型，形成侧缝不够长，从而侧缝向上吊起，下裆显长，易起皱起涌，形成裤挺缝线向外侧偏。

（6）X 型腿：X 型腿即膝外翻，又称八字脚或外撇脚。臀下弧线至两膝盖向内并齐，两脚平行外偏，膝以下脚跟向外撇呈八字形。对裤子的影响：下裆缝吊起，侧缝起皱起涌，挺缝线偏向内侧。

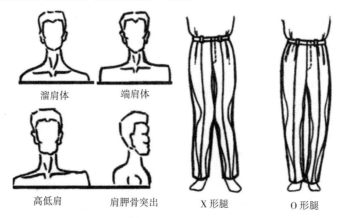

溜肩体　　　　　端肩体

高低肩　　　　　肩胛骨突出　　　X 形腿　　　　　　O 形腿

图 2-2　常见体型缺陷示意图

第二节　人体差异

一、男女身体的差异

（一）骨骼上的差异

骨骼构成人体外部形态特征，由于生理上的差异，男女骨骼有着明显的不同。一般来说，男性的骨骼较女性的骨骼粗大些、长些。男性的肌肉比女性更为强健，因此，各自外形的特征分别是：前者粗壮有力，后者平滑柔和。

男性骨骼上身发达，肩阔呈方形，锁骨弯曲大，胸廓长而大，乳腺不发达。腰部较女性宽，脊柱弯曲度小，背部凸凹变化不明显。女性背部狭窄，向下倾斜。锁骨弯曲度小，外表不显著。胸阔狭而短小，中青年女性胸部丰满。腰部较男性窄，背部凸凹变化明显，脊柱弯曲度较大，腰部弯曲呈 20° 倾斜。

以下身而论，男性骨盆高而窄，髂部周长小于肩部周长；臀部、膝部较女性窄，凸凹状明显；正面看大腿合并时内侧可见间隙。女性骨盆则低而宽，向前倾斜；臀部宽大且向后突出；髂部周长大于肩部周长；膝部较宽，凹凸状不明显；正面看大腿合并时内侧不见间隙。

（二）肌肉上的差异

身体健壮的男性，肌肉发达，肌腱多形成短而突起的块状（局部变化明显），因此，男的外形显得起伏不平，而整体特征显得平直，在服装中称为"筒型"。女性肌肉没有男性发达，而且，皮下脂肪也比男性多，由于它是覆盖在肌肉上的，因而外形显得较光滑圆润，而整体特征起伏较大。由于生理上的原因，女性与男性肌肉和表层的差异点是：女性乳房隆起，背部稍向后倾斜，使颈部前伸，造成肩胛突出。由于盆腔宽厚使臀大肌高耸，促成后腰部凹陷，腹部前挺，故显出优美的"S"曲线；而男性颈部竖直，胸部前倾，收腹，臀部收缩而体积小，故整体形成挺拔有力的造型。

（三）体型上的整体差异

男女体型区别主要在于躯干部位。以颈、胸、腰、腹部等组成的躯干是人体的主体部分，决定着人体总体的基本形态，这是服装设计或结构设计需要重点研究的部位。从正面看，如果将男女人体从肩部连线、腰部连线至髋部连线构成的几何梯形来观察比较：男性体型呈上大下小形；女性体型呈上小下大形；男子显得腰部以上发达，肩部、胸部骨骼肌肉宽大，且男子腰节线比女子腰节线略低，骨盆较小；女子脊椎部分较长，显得腰部以下发达，骨盆则较宽大。从侧面看，男女体型较明显的区别在于女性胸部隆起，表面起伏变化较大，而男性胸部较为平坦，表面无大起伏。男女体型整体上的差异可参考图2-3。

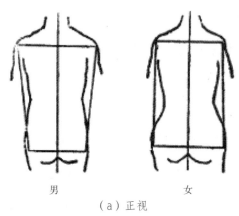

男　　　　　　　　女

（a）正视

图2-3　男女体型差异

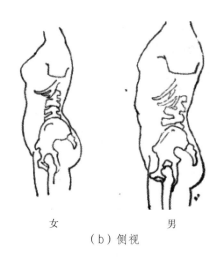

女　　　　　　　　男

（b）侧视

图2-3　男女体型差异（续）

二、男女身体差异对服装设计的影响

（一）男女身体差异对服装款式设计的影响

1.对上衣设计的影响

男子体型的三围比例，即胸围、腰围、臀围，与女子体型的三围比例相比有较大的差异。男子体型的三围数值相差较小，而女子体型的腰围与臀围的数值相差较大，所以男子体型可用T型来概括，女子体形可用X型来概括，这样可以明显地看出男子体型本身的挺拔、简练的特征和女子体型本身的曲线、变化的优美特征的对比。简略的T型和X型在很大程度上影响了服装外形特征，如男式大衣类的设计多以筒型和梯形为主，而女式大衣类多以收腰手法进行设计。

在体型方面，男女有自己的体型特征，男子的肩部宽阔、胸部体积大，显得腰部以上比较发达，所以在设计上衣时须夸大男士服装肩部造型设计。在外套方面，男性服装收腰设计很少，设计的外形以筒型和T型居多。同时，为了表现男性的气质、风度和阳刚之美，男士服装款式应强调严谨、挺拔、简练、概括。

相比男性，细腰、丰胸、翘臀整体曲线符合女性体型固有的特征。在设计女性上衣时，从古至今就十分重视胸腰差，如19世纪欧洲服装史上一度出现了紧身胸衣，以此特制的服装来装束女子，夸张女子臀部造型体型，甚至不惜伤害女性的肉体来达到这一目的。

无论如何，服装设计首先是要先以人体体型的固有特征为参考点，所以不论过去还是现在，对不同性别的人设计服装在一定程度上是受其体型特征影响的，这种影响往往是主观的，这种主观也就是审美观的问题，值得我们去研究。

2.对下装设计的影响

从服装史的角度来看，裤装本来是男性的专利，这与人类对男性的审美标准是有着直接的关系的，当然，这与不同性别的社会分工也有着根本的联系，也就是这些诸多因素的并存而产生了现实的审美观。裤装便于行动，给人以利落感，以男性体型为本，一般宜设计较宽松的裤型，尤其是横裆和中裆部位。男性体型突出的特征是人体上体部位的"膀宽腰圆"，所以受此影响，男下装设计一般不予强调腿型和展示下半部的体型特征。

而受女子体型特征和审美观念的影响，女裤、女裙的设计却正好与男装相反，服装设计师一般要较多地考虑如何设计优美的女下装才能充分展示出女性的"美臀""美腿"和优美的曲线。所以女式裤的设计多以"收腰显臀"为设计原则，即便是宽松式的裤型也往往是将宽松的部分设计在臀围以下，使得裤脚管宽松，因为这并不能破坏"收腰显臀"的可视效果，如大喇叭裤和宽脚裤。

（二）男女身体差异对服装结构设计的影响

男女体型差异不仅对服装款式设计有着很大的影响，它对服装结构设计的影响更加明显和直接。对于男女体型上的差别，我们不仅要进行分析和研究，还应熟知男女不同体型的表现规律，只有这样才能从根本上来研究服装款式和服装结构，理解服装内在结构的需要和应遵循的变化规则，正确设计出结构合理的男装和女装。的确，人们对男性体型、男装的审美和对女性体型、女装的审美有着不同的要求，这也是服装结构设计时要考虑的重要因素。一般来说，曲线效果、优美感是女装的象征，而直线效果、强健刚毅感则是男装的追求。所以女装上衣围度设计时加放的松度明显小于男装，这也是男女上衣在结构设计时的主要区别。

在围度结构设计方面，男装与女装有所不同，具体情况可以分为以下三点。

其一，因为受男子体型本身特征的影响，男装要求夸张肩部，相对忽略腰部和臀部。例如，男式西装肩宽比例设计正是较典型的夸张肩部设计。西装肩宽大于人体实际肩宽的比例数值为 4 ～ 7cm，然后用垫肩工艺手法完成其造型要求，使穿着效果符合男子体型肩宽审美的特别要求。女装则要求强调胸、腰、臀三者的曲线造型关系，以此来体现胸、臀和腰的造型美。

其二，上衣省道位置的设计和收省量的不同是男女上衣在结构设计上的主要区别之一。首先，受体型的影响，男装省道收去的量要小于女装。另外，女装设计相对于男装来说省道多并且省道变化复杂，较多省道的结构设计效果符合女装的审美，实际上是符合了女性体型的曲线特征。而男装则不相同，男性体型臀围与腰围差数相对于女性体型来说要小得多，体型的差别也就形成了男装特殊的结构要求和不同于女装的审美标准。所以男装外形多以 T 型为设计参考，而女装外形则多以 X 型为设计参考。其次，由于男女人体造型上的差异，省道位置的设计也就有所不同。例如，女装一般可以依乳峰点为中心设计腋下省、前片肩省、前公主缝等，男装一般则不可设计此类省道。

其三，男装围度结构设计宽松。人们对男装宽松度的审美不同于女装，女装为了强调自身的曲线美，一般多采用围度紧身结构设计手法，而男装则需要围度结构夸张设计，以达到符合男性体型围度较大的特征，这样的结构设计既符合设计原理又具有现代艺术视觉效果。另外，男女装门襟设计有着不同要求，设计时一般要遵循"男左女右"的原则，也就是男装门襟要设计在左边，而里襟在右边，女装正好相反。

综上所述，可以说男女体型的不同特征对服装设计的影响是直接的，不论是从审美的角度还是从实用的角度来研究都是很有价值的，我们不仅要正确认识男女体型特征，还要加以研究，发现规律，不断提高自身的服装设计理论水准。

第三节 人体测量

一、人体测量概说

（一）人体测量的意义

人体测量有两方面的意义。一是通过对某一地区、某一种族或某一群体做人体测量调查，根据调查获取的人体数据，制定出适用于服装工业生产的号型规格系列。例如，全国服装统一号型标准的制定，就是建立在对全国各地不同阶层的人体测量基础上的。通过广泛的人体测量，获取大量的有效数据，并对这些数据做科学的分析研究，从中归纳出适合国情并具有代表性的号型系列，作为我国服装行业制定产品规格的基本依据。

二是"量体裁衣"，由于自然人体与标准人体之间存有一定的差距，所以不能完全套用现成的号型标准，尤其是对一些特体服装，实测人体就更为重要。通过测体，直接获取人体各部位的数据，并对被测者的体型特征有了全面了解，这样在进行服装结构设计时，才能对造型进行有目的的调整与修正，从而保证服装更加适合人体。由此可见，人体测量在服装设计与生产中是不可缺少的环节，也是服装设计师必须具备的应用技能。

（二）人体测量工具

（1）人体测高仪：主要由一把刻度以毫米为单位垂直安装的尺，及一把可活动的尺臂（游标）组成。

（2）直脚规：用于测量人体短而不规则部位的直线距离。

（3）弯脚规：用于人体不能直接以直尺测量的两点间距离的测量。例如，肩宽、胸厚等部位的尺寸。

（4）软尺：最常用、最简单的测量工具之一，一般以厘米（cm）为单位。要求质地柔软，刻度清晰，稳定不收缩。

（5）现代化测量工具：现代化的测量工具多为非接触式的测量工具，如激光技术扫描、白光技术扫描、红外光技术扫描等。

（三）人体测量的注意事项

（1）测量人体时要留心观察个体的体型特征，如有特殊部位，应做好体型符号记号。

（2）在用软尺测量时，不能拉得太紧或太松，以顺势贴身为好。测量长度时，应要求被测者直立或静坐两种姿势。直立时两脚要合并，全身自然伸直，头放正，以眼正视前方，两臂自然下垂，手贴于身体两侧。静坐时，上身自然伸直与椅面垂直，双膝弯曲使小腿与地面垂直，上肢自然弯曲，两手平放在大腿上。

（3）进行人体测量时，长度测量一般随人体起伏，通过所需经过的基准点而进行测量。围度测量时右手持软尺的零起点一端紧贴测量点，左手持软尺沿基准线水平围测一周，以放入两指松度为宜，不能过松或过紧。

（4）测量时要顺序进行，以免有部位遗漏。上衣一般以测量衣长、背长、袖长、领围、肩宽、胸围、腰围、臀围等为序。裤子的测量一般以裤长、股上长（立裆深）、腰围、中臀围、臀围、大腿根围、脚口等为序。

（5）要认真听取被测者的意见和要求，尤其要问清楚款式的特点和穿着习惯。一边测量，一边记录，最后检查测量部位有无遗漏。

二、人体上的基准点与基准线

人体的外形是颇为复杂的，在人体的表面确定一些点和线作为测量的参考是非常有必要的。这些点和线的确定应具有明显、固定、易测的特点，而且适合于所有人群，不因年龄、性别的变化而变化。

（一）人体上的基准点

根据服装结构设计的需要，归纳人体上的基准点如下。

（1）前颈点：此点位于左右锁骨连接之中点，同时也是颈根部有凹陷的前中点。

（2）侧颈点：此点位于颈根部侧面与肩部交接点，也是耳朵根垂直向下的点。

（3）后颈点：此点位于人体第七颈椎处，当头部向前倾倒时，很容易触摸到其突出部位。

（4）肩端点：位于人体左右肩部的端点，是测量肩宽和袖长的基准点。

（5）背高点：于人体肩胛骨凸出处，是后衣片肩省尖指向的依据。

（6）胸高点：于人体胸部最高处，在衣片上通常用 BP 表示该点，是前衣片省尖指向的依据。

（7）前腋点：位于人体的手臂与胸部的交界处，是测量前胸宽的基准点。

（8）后腋点：位于人体的手臂与背部的交界处，是测量后背宽的基准点。

（9）肘点：位于人体手臂的肘关节处，是确定袖弯线凹势的参考点。

（10）前腰中心：位于人体前腰部正中处，是测量腰部围度的依据。

（11）后腰中心：位于人体后腰部正中处，是测量腰部围度的依据。

（12）腰侧点：位于人体腰部侧面正中处，是测量裙长的基准点，也是测量腰部围度的依据。

（13）臀侧点：位于人体侧臀正中央处，它是前臀和后臀的分界点。

（14）臀高点：位于人体臀部最高处，是裤片、裙片省尖指向的依据。

（15）手腕点：位于人体手腕部的凸出处，是测量袖口大小的基准点，也是测量臂长的终点。

（16）髌骨点：位于人体膝关节的外端处，它是测量确定服装衣长的参考点。

（17）踝骨点：位于人体小腿与脚部之间外侧凸出处，是测量人体腿长的终点，也是确定裤长的依据。

（二）人体上的基准线

根据服装结构设计的需要，归纳人体上的基准线。

（1）颈围线：经前颈点、侧颈点、后颈点水平环绕一周的线条。

（2）胸围线：通过胸部最高点的水平围度线，是测量人体胸围大小的基准线。

（3）腰围线：通过腰围最细处的水平线，是测量人体腰围大小的基准线。

（4）臀围线：通过臀围最丰满处的水平线，是测量人体臀围大小的基准线。

（5）中腰线：经腰围线与臀围线之间 1/2 处水平环绕腹部一周的线条。

（6）前中线：过前颈点，将前上身垂直分为二等分的线条。

（7）后中线：过后颈点，将后背垂直分为二等分的线条。

（8）前公主线：从距离颈侧点 4cm 处起始，经胸高点向腰围线收拢，再向臀围线放宽直至底部的线条。

（9）后公主线：从距离颈侧点 4cm 处起始，经背高点向腰围线收拢，再向臀围线放宽直至底部的线条。

（10）臂根围：从肩端点经前后腋点环绕手臂根部一周的线条。

（11）上臂围：与前后腋点平齐，水平环绕上臂最丰满处一周的线条。

（12）肘围：水平环绕肘部一周的线条。

（13）手腕围：水平环绕手腕凸出处一周的线条。

（14）腿根围：水平环绕大腿根部一周的线条。

（15）膝围：水平环绕膝盖部一周的线条。

（16）脚腕围：水平环绕脚腕凸出处一周的线条。

三、人体测量部位及方法

一般而言，进行人体测量的部位有 22 个，详情及其方法如下。

（1）总体高：人体站立时，从头顶至地面的距离。

（2）身高：人体站立时，从颈椎点至地面的距离。

（3）胸围：在胸围线基准线上，将软尺通过胸高点并保持水平围绕一周，即为胸围尺寸。

（4）腰围：在腰围基准线上，在腰部最细处或以肘关节与腰部重合点为测点，水平围量腰部一周所得的尺寸。

（5）臀围：在臀围基准线上，经胯骨最宽处，以大转子点为测点，在臀部最丰满的部位水平围量一周所得的尺寸。

（6）中腰围（中腰围也称腹围）：在人体中腰线围度基准线上，水平围量一周所得的尺寸。

（7）背长：从颈椎点量至腰围线处的距离。

（8）后长：经侧颈点过肩胛骨至腰围线上的尺寸。

（9）前长：经侧颈点过胸高点至腰围线上的尺寸。

（10）腰长：从腰部最细点量至臀围线处的距离。

（11）胸宽：从左前腋点至右前腋点的距离。

（12）胸高：从侧颈点量至胸高点的尺寸。

（13）乳间距：左右胸高点之间的距离。

（14）肩宽：从左肩端点沿后背量至右肩端点的距离。

（15）背宽：从左后腋点沿后背量至右后腋点的距离。

（16）袖长：从肩端点经肘点量至手腕最凸出处的距离。

（17）上臂根围：在臂根围度基准线上，环绕手臂根部一周的尺寸。

（18）上臂围：在臂部围度基准线上，水平围量一周的尺寸。

（19）手腕围：在手腕围基准线上，绕手腕水平围量一周的尺寸。

（20）颈围：在测量人体颈根围度的基准线上，水平围量一周所得的尺寸。颈围尺寸是设计服装纸样领弧线的依据。

（21）头围：从耳根经额头和头部最大围度围量一周所得头部横围尺寸。

（22）坐高：一般请被测量者坐在椅子上（椅子以落座后大腿与地面持平为最佳），然后从腰线量至椅面的距离。

第四节　服装号型与服装成品

一、服装号型

（一）服装号型定义、标志与作用

1.服装号型的定义

服装号型是根据正常人体的规格及使用的需要，选出最具有代表性的部位，经过合理归并而设置的。"号"表示人体的身高，以厘米（cm）为单位，是设计和选购服装长度的重要依据。对于正常人体来说，其长度方向的尺寸（如背长、全臂长、臀高、腰围高等）都与身高呈一定的比例关系。所以，可以通过"号"的百分比来设计服装长度规格。而"型"则表示人体的净体胸围或腰围，以厘米（cm）为单位，是设计和选购服装肥瘦的重要依据。[①]对于正常人体来说，其围度或宽度方向的尺寸（如总肩宽、胸宽、背宽、颈围、臀围等）都与"型"呈一定的比例关系。上装的"型"取人体胸围尺寸，下装取人体腰围尺寸。

人体体形也属于"型"的范围，以胸腰落差为依据把人体划分成 Y、A、B、C 四种体形。Y 体型为宽肩细腰，A 体型为一般正常体型，B 体型腹部略突出，C 体型为肥胖体，具体差值见表 2-1。

表 2-1　不同型号男女胸腰差

体型代号 性别　胸腰差	Y	A	B	C
男性	22～17	16～12	11～7	6～2
女性	24～19	18～14	13～11	8～4

2. 服装号型标志

为方便顾客选购，服装成品上必须要有规格或号型标志。上装号型标志常缝制在后领上；大衣、西服也可缝制在门襟里袋上沿或下沿；裤子和裙子常缝制在腰头里子下沿。

号型的表示方法为号在前，型在后，中间用斜线分开，型的后面再标示体型代号，如图 2-4 所示。必须注意的是，号型不是指服装的规格，而是其适合的人体的身高与围度。

图 2-4　服装号型标志

① 吴彦君，贾丽丽，冯蕾. 服装定制平台与 MTM 系统数据库的构建 [J]. 天津纺织科技，2017（5）：9～12.

3.服装号型的作用

在服装结构设计前，首先要确定所选用的号型和体型，以确定尺寸的大小。作为消费者选择号型应考虑标志号型的上下范围。在女子标准号型中，如选择160/82A，这就表示该号型尺寸适合于身高在158～162cm，胸围在80～86cm，胸围与腰围差在14～18cm（实际腰围尺寸为70～66cm）范围之内，体型为A型的女子穿用。如果只标示有下装，那么160/64A号型适合于身高为158～162cm，腰围在63～65cm之间，体型为A型的女子穿用。其他号型的应用范围可依此类推。

（二）服装号型系列

号型系列是以各类体型中间体为中心，按一定的分档间距向两边依次递增或递减而组成。所谓中间体，就是各类体型人体实测数据的平均值（儿童不设中间体）。它反映的是我国成人体型的平均水平，有一定的代表性。但中间体并非一成不变，在不同年代、不同地域会有一定的差异。

我国服装号型标准中，身高以5cm，胸围为4cm，腰围为4cm或2cm分档。将身高与胸围、腰围搭配，可分别组成5·4与5·2两种号型系列。我国成人各类体型中间体及号型系列分档范围详见表2-2。

表2-2 我国成人各类体型中间体及号型系列分档范围

单位：cm

性别 部位 范围 体型分类代号		男		女		分档间距	
		中间体	范围	中间体	5·4系列	5·2系列	
		155～185	170	150～175	160	5	
胸围	Y	76～100	88	72～96	84	4	
	A	72～100	88	72～96	84	4	
	B	72～108	92	68～104	88	4	
	C	76～112	96	68～108	88	4	
腰围	Y	56～82	70	50～76	64	4	2
	A	58～88	74	54～84	68	4	2
	B	62～100	84	56～96	78	4	2
	C	70～108	92	60～102	82	4	2

二、服装成品

（一）服装成品规格设计

1.服装成品规格设计的内容

服装成品规格设计包括两方面内容：控制部位规格设计与细部规格设计。

所谓控制部位，就是指直接影响服装造型与合体性、舒适性的部位，见表2-3。对于控制部位的规格，我们必须在人体数据的基础上，结合服装的造型、面料、工艺及流行趋势等因素进行合理设计。狭义的服装成品规格设计就是指控制部位的规格设计。

表2-3 各类服装的主要控制部位

服装类型	服装主要控制部位	说明
上衣	衣长、胸围、领围、肩宽、袖长	（1）女装需要测量胸高位 （2）收腰修身型服装需要测量前后腰长、腰围
裤子	裤长、腰围、臀围、上裆口、脚口	根据造型的不同，一些裤型还需要确定中裆
裙子	裙长、腰围、臀围	连衣裙还需要测量领围、肩宽与袖长

细部规格是指服装局部造型的尺寸分配，如领子大小、袋口高低、分割线的位置等。这些部位的规格对服装的使用性能影响不大，但会对服装的审美性产生较大影响。因此，对于服装的细部规格，我们要认真分析款式特点与流行趋势，进行仔细斟酌、合理设计。这样，才能使服装既适身合体、穿着舒适，又符合流行趋势，富有时代气息，做到功能性与艺术性的完美结合。

2.服装成品规格设计的放松量

通过人体测量得到人体尺寸，然后再结合服装造型、面料特性、流行趋势等因素，加上一定的放松量就得到服装成品规格。

服装成品规格 = 人体尺寸 + 放松量

为什么要加放松量呢？因为在日常生活中，人体要做各种复杂动作，如四肢的伸屈、回旋，躯干的弯曲、扭转等，所有这些活动都将引起运动部位体表皮肤面积发生很大变化。而大部分服装面料的弹性不能像人的皮肤一样伸张自如，如果不加入一定余量，就会阻碍人体活动。因此，服装成品尺寸不能直接使用在静止状态下所测得的人体数据，必须在测体数据的基础上，根据服装的品种与用途，加放一定的余量，也就是放松量。

影响放松量的因素很多，如人体各部位运动幅度的大小、面料的弹性与厚薄、款式造型的风格特征、穿着对象、流行趋势等。但为满足人体活动需要而设置的放松量，是最基础的放松量，是必须具备的。同时还要注意，并不是服装的放松量越大，人体运动就越便利。例如，裤子的立裆深、上衣袖窿深等部位，放松量过大反而会限制人体四肢的活动。因此，要综合考虑各种因素，合理确定服装的放松量。表2-4为男女典型服装品种主要部位放松量参考值。

表2-4　男女典型服装品种主要部位放松量参考值

单位：cm

类别	品种	胸围	总肩宽	腰围	臀围
女装	衬衫	8～10	8～10		
	两用衫	2～3	2～3		
	西服	8～12	1～2	5～8	
	风衣	14～20	2～3		
	大衣	16～22	2～4		
	连衣裙	8～12		4～6	4～8
	半截裙			1～2	4～6
	西裤			1～2	6～10
	牛仔裤				4～8
男装	衬衫	16～20	2～4		
	夹克	25～25	3～4		
	西服	14～18	2～4		
	风衣	24～30	3～4		
	大衣	20～28	3～4		
	西裤			2～4	12～16
	牛仔裤			2～4	8～12

（二）服装成品检验

产品质量是指产品满足客户规定需要和潜在需要的特征和特性的总和，产品质量的好坏主要受材料性能、款式结构、工艺水平等因素的共同影响。为确保产品质量符合标准或客户的要求，企业通常会有健全的质量保证体系，并在材料进厂、工艺过程、成品出厂三个主要环节进行检验。材料进厂检验主要目的是了解材料理化性能，判定材料能否满足后序生产要求；工艺过程检验主要目的是检查生产工艺控制效果，判断工艺与标准的符合性；出厂检验是生产的最后一道环节，是从面料、外观、工艺、性能等多个方面对产品进行综合性检验。从检验内容看，材料进厂、工艺过程检验属局部检验，成品出厂检验属产品综合性全面检验，检验结论是决定成品能否出厂的主要依据。

1.服装成品检验的作用

质量检验是质量管理的基础，是质量管理中不可缺少的部分，是质量管理最基本的手段之一。[①] 而服装成品质量检验的作用主要有如下几点。

（1）把关作用

把关是质量检验最基本的作用，也可称为质量保证职能。即使是在自动化、智能化高度发展的未来，质量检验的把关作用仍然无可取代。工业生产制造是一个复杂的过程，需要集合人、机、料、法、环等诸多要素，每一个要素的变化都可能导致生产状态发生变化，从而造成质量波动。[②] 质量波动是客观存在的，每名员工、每道工序生产的产品百分之百合格是很难实现的。只有通过检验，实行严格把关，做到不合格的原材料不投产、不合格的半成品不转序、不合格的成品不出厂，才能真正保证产品质量。

（2）预防和纠正作用

现代质量检验区别于传统检验的重要之处在于现代质量检验不仅起到把关的作用，而且还具有预防的作用。材料入厂检验可及时掌握材料的质量情况，纠正和预防原材料及零部件出现问题；后序对前序的检验，是预防和纠正前序出现问题，防止问题扩大和蔓延；成品出厂检验可预防和纠正成品瑕疵，防止问题产品进入销售市场。

2.服装成品检验的内容

服装成品检验是服装行业保证产品质量的重要手段，成品检验的内容主

---

① 曹军.重新认识全面质量管理的作用和工作方法 [J].设计技术,2001(1):62～65.

② 李海涛、吴彦君，马永树.具有图案识别功能的自动钉扣机研发 [J].天津纺织科技，2017(4):13～17.

要包括外观检验、安全性能检验、规格检验、使用性能检验等方面。

（1）外观检验

产品外观是指产品的大小、结构、色彩、图案、造型等方面的综合表现，是产品质量的重要组成部分。对于功能（性能）要求不高的服装类产品，产品外观显得尤为重要。外观质量是消费者对产品最为直观的视觉感受，是产品给予消费者的第一印象，对于不具备专业检验能力的消费者而言外观质量往往是消费者判断、分析产品质量的重要依据，甚至是唯一依据，其重要性可想而知。

（2）安全性能检验

服装是直接与人体接触的产品，是人体安全的第一道防护线，因此服装的安全性能直接关乎消费者的健康安全。现实生活中消费者往往因为缺乏服装安全知识、获得服装技术指标困难、服装安全问题具有一定的隐蔽性等原因而忽略服装安全问题，但是，服装生产企业必须重视服装安全问题。服装安全问题的重要程度与着装人群所处年龄段、着装环境等因素有很大关系。通常婴幼儿服装安全问题比成年人更为重要，恶劣环境下服装安全问题比正常环境更为重要。服装成品进行安全性能检验较为烦琐，检验时通常需要进行破坏性测试，因此主要采用抽检方式，检验数量有限，通常以一件或几件产品的安全性能来判断同批次产品的安全性能。

（3）规格检验

服装的规格由号和型两部分共同决定。服装号型是服装生产最为重要的生产信息，也是决定服装合体性的重要因素，而服装合体性是关乎服装整体质量的重要影响因素之一。服装规格检验的内容因服装种类而异，即使是同类服装产品也会因为款式差异而略有不同。例如，上衣与下衣分属不同的产品种类，规格检验内容则完全不同。上衣常规检验内容主要包括领围尺寸、袖笼尺寸、袖长尺寸、肩宽尺寸、胸围尺寸、下摆尺寸等；下衣常规检验内容主要包括腰部尺寸、臀围尺寸、脚口尺寸等。

（4）使用性能检验

对于消费者而言，不仅需要关注服装的面料安全性、款式新颖性、工艺美观性、色彩和谐性、着装合体性、着装安全性，同时还需要关注产品的色牢度、耐磨性等使用要求。因为人体是一个不断进行新陈代谢的生命活体，外至发肤、内至血液不断进行物质和能量的交换。服装在为人体御寒保暖的同时，也接纳人体皮肤排出的部分代谢产物，此外，外界环境也会污损服装。因此服装需要不定期进行洗涤，而洗涤过程难免会对服装造成一定的损坏。所以，对服装的实用性能进行检验也至关重要。

第三章　服装原型

第一节　服装原型概述

一、服装原型分析

（一）服装原型简述

1.服装原型的概念

原型是指人体体表各部位形状展示的平面图形，也就是人体造型的平面体现，它构成了人体各部位比例关系的平面数据。而服装原型是在服装制版过程中设计制作服装样板的符合人体最基本状态的基础纸样。[①] 服装原型是研究服装与人体相互关系的依据，是服装设计中必须要解决的问题。原型设计是服装结构设计的基础，如果对原型不了解，或者掌握得不够熟练，都会在一定程度上影响服装结构设计的准确性和规范性。

2.服装原型的特点

服装原型的特点主要有如下几点。

（1）准确可靠

服装原型各部位数据和尺寸是通过大量的调查研究而确定的。它是根据人体的体型特点，人体各部位在生活、工作中的各种运动规律，结合服装构成原理和工艺技术要求，采用数学运算方法，并经反复实践后研制出来的。由于应用较科学的方法确定服装各部位的尺寸，所以服装原型裁剪法，具有较高的准确性和可靠性，裁制出来的服装也就比较合体，穿着舒适。

（2）简单易学

服装原型并不是服装裁剪图，而是裁剪用的基础样板。它是通过数学上

---

① 顾朝晖. 日本文化原型与东华原型的比较分析 [J]. 西安工程科技学院学报，2005，19（1）：28 ～ 32.

的"条件分布"原理进行综合分析，合理归并及简化，然后确定各部位中的关键数据。我们在绘制服装原型时，只要测量少量的数据，就可作为制作服装原型的依据。因此，只要掌握和应用服装原型的平衡、变化的原理，就可裁制出各类服装样式。由此可见，服装原型是一门比较容易入门和掌握的裁剪技术。

（3）适应性广

由于服装原型在研制时，已经考虑了各类不同体型的需要，因而它能适应不同胖瘦体型的穿着。即使是体型异常的人，也只要稍加修正就能制成特殊体型的服装原型。同时服装原型各部位之间的关系比较合理，耦合性较强，不管服装的样式变化多大，都能裁剪出合理适体的服装。服装原型还能适应各种不同的放松度，即使是跨季节的服装同样能裁剪得很得体。因此，服装原型能适应各种不同的体型和样式，而且能适应不同的季节和年龄。

（4）省时省力

服装原型是裁剪的基础样板，有了它在裁剪服装时就可省去许多计算公式。只要按照款式的需要，应用加放、收缩、分割和添加等手段，就可以完成各种不同类型的服装样式裁剪。尤其在工厂的批量生产中，可按照国家号型标准制作出男、女、儿童等不同原型，并可长期使用。由于它能迅速而准确地绘制出各种款式样板，对提高工作效率，增加服装品种，具有一定的应用价值。

3.服装原型结构构成的方法

（1）比例法

比例法就是运用特定的比例计算公式，以几何制图的方法绘制出结构图，再裁制试样衣，在人体上直接试穿，检验样衣是否与人体相应部位吻合，适体性如何。对不吻合或适体性差的部位进行必要的修正，并对照样衣，修改服装原型样板，形成最终的服装原型样板，即可以应用于服装（结构）样板设计的标准服装原型样板。

（2）立体法

立体法就是通过立体裁剪方法获得坯布样衣，再直接复制成服装原型样板。其关键在于立体裁剪是以人台或真人为基础裁制的，若以真人立裁的，且操作技艺正确到位，则所获得的服装原型无可挑剔，应该是准确无误的。然而在真人身上进行立裁，其操作技艺的难度是可想而知的，更何况人体姿态的保持，因此真人立裁是不可行的，那么以人台立裁，人台与真人体的仿真难度却更高，也就较难获得准确的服装原型。

（3）原型结构测试构成法

原型结构测试构成法是依据原型测试仪进行人体部位测量获得的一系列

原型结构规格数据，直接构成服装原型结构，制作出服装原型样板。运用该方法构成的服装原型结构和制作的服装原型样板不需要再经过烦琐的真人体修正，就可直接应用于服装结构设计或样板制作。这种服装原型样板相当于立体法获得的，其准确性好，且稳定可靠，设计工作效率显著提高，提高了服装原型构成和服装原型裁剪技术的大众化程度，易学、易掌握、易操作，降低了技术难度。

（二）几种常见服装原型分析

纸样设计时离不开基本型版型，即服装原型，它是服装结构设计的基础。但服装原型版型有多种，从人体工学来说，依据这些版型做成成衣后体现的服装效果仍然有一些区别。因此，有必要研究和分析这些不同服装原型版型的差别。现针对新文化原型、东华原型和刘瑞璞第三代原型进行比较和分析，找出各版型之间的异同，可参考图 3-1 进行分析。

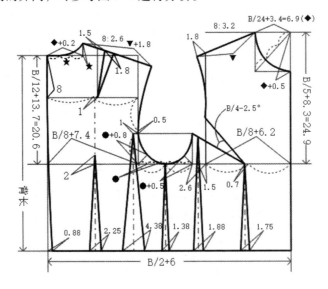

图 3-1　三种基本服装原型

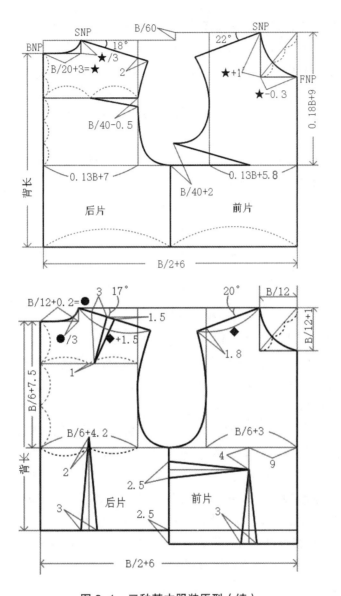

图3-1　三种基本服装原型（续）

1.三种服装原型的相同点

三种服装原型的相同点有以下几点。

（1）三种基本服装原型制图中，胸围放松量相同，都是放松6cm，三种服装原型版型都采用了同样的计算公式B/2+6cm，按照规格（160/84A），则成品胸围均为96cm。

（2）新文化原型的胸宽和背宽之差（B/8+7.4）-（B/8+6.2）和东华原型的胸宽与背宽之差（0.13B+7）-（0.13B+5.8）相等，背宽比胸宽均大1.2cm。

（3）东华原型和新文化原型在确定前后肩斜时所用角度相同，均为前肩斜为22°，后肩斜为18°。

（4）三种服装原型的前领宽与后领宽差值相等，后领宽比前领宽均长0.2cm。

（5）三种服装原型后领深计算公式相等，均为后领宽的1/3。

2.三种服装原型的不同点

三种服装原型的区别主要表现在以下几点。

（1）省量

三种服装原型版型的省量都具有一定的差异，新文化原型后片设有肩省B/32-0.8cm，腰省量从后片到前片按照7%、18%、35%、11%、15%、14%分布在前后衣片的腰部上，即腰部位置比较合体；东华原型后片设有一袖窿省B/40-0.6cm，前片设有侧缝袖窿省B/40+2cm，没有设置腰省量，即腰部呈宽松型；刘瑞璞第三代原型后片设有一个向省1.5cm，一个腰省，前片设一个侧缝省和一个腰省，前后片腰省量相等。从三种版型省量的比较可知，新文化原型版型最合体，凸显人体曲线，东华原型呈宽松型。

（2）前后领宽

三种服装原型前后领宽计算公式均不相同。新文化原型前后领宽计算公式分别为B/24+3.4cm、B/24+3.4cm+0.2cm；东华原型后领宽计算公式为0.05B+2.5cm，前领宽是基于后领宽度减去0.2cm，前领宽则为0.05B+2.5cm-0.2cm；刘瑞璞第三代原型前后领宽计算公式分别为B/12、B/12+0.2cm，所计算得出的前后领宽数据分别为：（6.9cm，7.1cm）、（6.7cm，6.5cm）、（7cm，7.2cm）。从数据可以得出，刘瑞璞第三代服装原型前后领宽宽度最大，合体程度低，东华原型前后领宽宽度最小。

（3）前后领深

由前后领宽的计算公式和数据可以得知，前后领深的计算公式和数据也各不相同。前领深的计算公式分别为：B/24+3.4cm+0.5cm、0.05B+2.5cm-0.2cm+0.5cm、B/12+1cm，所得数据分别为7.4cm、7.2cm、7.8cm。从数据可知，刘瑞璞第三代原型前领深长度最大，东华原型前领深长度最短。

（4）浮余量

三种服装原型版后片BL线以上的浮余量部分各不相同。在新文化原型中，肩省的宽度由B/32-0.8cm，深度由定值8cm确定；在东华原型中，在BL线至

BNP 间 2/5 处画水平线，在袖口处取 B/40-0.6cm 为后浮余量；在刘瑞璞第三代原型中，肩省宽度为定值 1.5cm，深度由后肩长 1/2 确定。新文化原型和刘瑞璞第三代原型通过肩省的方式使衣片合身，而东华原型则设置成袖窿省作为浮余量。由此可知，新文化原型的肩部的贴合度更高，而刘瑞璞第三代原型的肩部贴合度相对宽松。

二、服装原型的应用

（一）衣身原型的应用

1.三围尺寸的变化

以我们最常用的日本文化式原型为例，原型衣身仅做了 10cm 胸围加放松量，没有做胸腰差处理。当我们将原型衣身转化成衣身样板时，需要进行三围加放松量的变化，以确定胸腰差值、腰臀差值，而胸腰差、腰臀差的处理办法是通过收省或做分割线来完成的。衣身造型有很多种变化，如宽身型、较宽身型、卡腰型、较卡腰型、极卡腰型等。

（1）胸围的加放松量

①夏装：

合体类：胸围加放 4 ～ 6cm，腰围加放 4 ～ 6cm，臀围加放 0 ～ 4cm。

礼服类：胸围加放 0 ～ 4cm，腰围加放 2 ～ 4cm，臀围加放 0 ～ 4cm。

②春秋装：

合体类：胸围加放 8 ～ 12cm，腰围加放 10 ～ 12cm，臀围加放 0 ～ 6cm。

③大衣：

合体类：胸围加放 18 ～ 24cm。

宽松式：胸围加放 24cm 以上。

（2）胸腰差、胸臀差的数值处理

省道只能解决胸腰差或腰臀差。

①胸腰差值：

宽松式：胸围 - 腰围 =0 ～ 6cm。

中年体：胸围 - 腰围 =6 ～ 12cm。

少女体：胸围 - 腰围 =12 ～ 18cm。

妇人体：胸围 - 腰围 =18 ～ 24cm。

②胸臀差值：

合体型：胸围 - 臀围 =0 ～ 3cm。

X 造型：胸围 – 臀围 =0 ～ 4cm。

2. 窿深的变化

原型袖窿深处于腋窝位的下方，有一定的空隙。空隙量的大小由人体胳膊的活动量决定，一般在人体腋窝下 2cm 左右，可见原型的窿深是已经加放了活动松量的。

当我们把衣身原型转化为衣片时，窿深根据衣片造型的不同需要再进行相应的变化。

（1）夏装：窿深在原型板的基础上下落 0 ～ 1cm。

（2）春秋职业装：窿深在原型板的基础上下落 1 ～ 2cm。

（3）合体大衣：窿深在原型板的基础上下落 1.5 ～ 2.5cm。

（4）宽松式大衣：窿深在原型板的基础上下落 3 ～ 10cm。

这里需要说明的是，原型衣身片变化时，前后原型衣身窿深下落尺寸是不同的，这里所列举的数值为后原型衣身的窿深。前原型衣身窿深在此基础上要再下落 0.5 ～ 1cm（合体类造型），对于宽松式造型，前后窿深差值可以达到 2.5cm（前窿深大）。

前后窿深落差的不同，是为了满足人体胸省变化的需要，一般将一小部分胸省量加入前袖窿当中。

3. 省、褶、裥、分割线的应用

人体是一个特殊的多面体，而原型衣身是一个直身的造型，为使衣身样板能充分表达人体的立体形态，我们在样板上采用收省、抽褶、打裥、设计分割线等一系列处理方法，塑造圆顺贴体的造型，来实现最好的包装人体、美化人体的功效。

在原型衣身上设计了两个原始省量，一个是前衣身原型的腰省，一个是后衣身原型的肩省。这两个省决定着衣身上其他的省量。

抽褶、打裥、缉细裥既是装饰性很强的造型，又起到缩减衣片的功能，使其更适合人体的要求。在原型衣身上抽褶、打裥都是由原始省量转化而来的。

分割线分为造型分割线、功能分割线。前者起到装饰作用，后者具有省的功能，对服装造型起着主导作用，这种分割线实际上起到了收省的作用，通常它是连省成缝形成的。

4. 门襟、纽位、口袋的设计

为了穿脱方便，上衣一般都有门襟。门襟又分为对合门襟和搭合门襟。对合门襟没有搭门，下襟设垫片。搭合门襟设有搭门，在服装原型板的前中心加宽 1.5 ～ 3cm，为搭门量。搭门宽度因面料厚度与纽扣大小而略有变化。

另外搭门还有一种变化款式，叫双搭门，宽度在 5 ～ 8cm 之间，常取 7 ～ 8cm。

门襟还可以设计为不对称门襟。上襟锁扣眼，下襟钉扣。

纽位的变化通常随门襟而定。一般情况下纽间距是等分的，但根据设计需要可不规则排列或 2 ～ 3 个一组排列。

衣袋的设计一般从功能性、协调性、造型新意上来考虑。首先，衣袋要从抄手上考虑，女性手宽 9 ～ 11cm，男性手宽 10 ～ 12cm，袋口宽在此基础上加放 3cm 左右。

口袋的位置要根据衣身片的造型来定，要与整体衣服平衡协调。口袋的高低通常以原型腰节线为基准线，大衣向下 7 ～ 8cm，上衣向下 4 ～ 5cm，短夹克可以在腰节线上或向上 1 ～ 2cm。

（二）袖原型的应用

1. 袖山高

将原型袖转化为实用袖样板，袖山高需提高，装袖角度需缩小，衣袖向衣身靠近，这样，袖子的造型更完美。人体胳膊自然下垂时的袖山高要比原型袖山高增加 1.4cm。

根据衣身造型的需要，衣片的肩端点位置可以有所变化，如缩小肩宽，形成衣袖包裹衣身的借肩效果加大肩宽，形成落肩的休闲造型。肩端点位置的变化会造成装袖位置的不同，袖山高也会随之增减。过肩袖在原型袖的基础上需要降低袖山高，而借肩袖则需相应增加袖山高的值。

不同的季节着装厚度有所不同，所以不同季节的服装，衣身的窿深也随之变化。着装层数越多，窿深越深。窿深加深，袖山高就会增大，窿深减小袖山高随之减小，二者成正比例关系。

2. 袖根肥

袖山高和袖根肥是构成衣袖造型不同的主要因素，袖山高和袖根肥之间成反比例关系。

我们使用文化式原型时，有时会放弃袖原型，因为文化式袖原型只提供了一个袖子设计的理论框架。在实际应用中，衣袖有很大的变化，需要我们重新制作袖片。这里提供一个制定袖山基本框架的参数。

（1）宽松风格：袖山高为 0 ～ 9cm，袖根肥为 0.2 胸围 +3cm。

（2）较宽松风格：袖山高为 9 ～ 13cm，袖根肥为 0.2 胸围 +3cm ～ 0.2 胸围 +1cm。

（3）较贴体风格：袖山高为 13 ～ 17cm。袖根肥为 0.2 胸围 –1cm ～ 0.2 胸围 –3cm。

以上的公式说明袖根肥受衣片胸围的影响而变化。

我们还可以从另一个角度来确定袖根肥。现以人体上臂围为基本参数（合体风格服装）加以说明。

（1）夏装：袖根肥为臂围 /2+2 ～ 2.5cm。

（2）春秋装：袖根肥为臂围 /2+2.5 ～ 3.5cm。

（3）冬装：袖根肥为臂围 /2+3.5 ～ 4.5cm。

袖根肥是确定袖子的胖瘦，袖山高是确定衣袖向衣身靠近或离开的角度，两者的协调处理就能满足衣袖的造型需要。

3. 袖山吃势

袖山吃势是指袖山曲线与袖窿周的差值。

袖山曲线与袖窿周相连接时袖山曲线要比袖窿周略大，袖山的吃势受装袖角度影响，与装袖角成反比。当装袖角度较小，衣袖自然下垂靠近人体，袖山吃势最大。当装袖角度最大，衣袖与衣身成直角，袖山吃势为零。

合体类职业装，因为一般是圆装袖设计，肩端点位置不同，所以袖山吃势也不同，肩端向内略缩进，袖山吃势相对增大。

4. 袖口前偏量

人体自然站立，双臂下垂，手臂中线微向前倾，此时肩端点的垂线与手腕中心线之间距离约为 5cm，夹角为 6.18°，这就要求我们设计袖造型时，前袖缝呈凹势，后袖缝呈凸势，此时需要肘部加省来完成。

第二节　男装实用原型

一、男装实用原型构成要素

在原型法结构设计中，原型是结构设计的关键，对原型的灵活运用应建立在对原型结构深入理解的基础上。在本小节，便是对男装实用原型的构成要素进行重点分析。

（一）胸围的松量

原型胸围的公式是 B/2+9cm，对胸围的放松量是 18cm，而在实际的西

装上衣的结构中，由于分割线和省的作用，实际的成品胸围比净胸围约放松
（9-3）×2=12cm。这是考虑了人体的基本运动和对舒适性的基本要求而设
置的比较合体的放松量，这个量可以被认为是均匀地分布在胸宽、背宽和腋
下的。

（二）领窝

原型的后领窝（宽为 B/12）是非常合颈的，比实际的颈根线略高一些，
这样制成的衣身在后颈处会很贴服地围着颈周，形成优美的弧线。

男装实用原型在前领窝处是含有撇胸的，前领窝的宽为（B/6+4cm）的一
半，即 B/12+2cm，比后领窝宽多了 2cm，是撇胸的量。也就是说实际的前中
线在胸围线以上是向内倾斜 2cm 的，仅在开放式（如西装的翻驳领）的领型
中，才可以不用考虑其前中线的实际位置而按领窝制图。在关闭式的领型中，
如立领、领口扣合的翻领等，前中线应从胸围线向内撇入 2cm，呈斜线弯状，
门襟边缘也与之平行呈倾斜状。为了便于制作，还可以将撇胸人为地减小。

原型的前领深在开放的领型中可以不用考虑，在封闭的领型中是领窝深
位置，也可以向下放 1cm 做松量。原型的前领窝弧线是一条设计线，在应用
时，可根据款式而变化，不必拘泥于原有形态。

（三）胸凸与肩胛凸

在女装原型中，设有明确的胸省和肩省以适应胸凸和肩胛凸的形态，而
在男装中，却没有为这两个部位做造型的省。由于男性体型和生理上的特点，
男装结构严谨，承袭传统，没有过多的省、缝，而是用隐蔽的结构和工艺的方
法满足服装造型的需要，对胸凸是用撇胸的方法，对肩胛凸是用熨烫归拢后肩
和后中线的方法解决，从而避免省、缝的分割，影响服装的表面状态，破坏其
完整性和衣料的质感。这种对人体凸点的处理形式是与男性起伏不明显的筒
形体相适应的（而省是与女性起伏凸出的体表相适应的）。另外，在原型中含
有垫肩的容量，垫肩的加入减小了胸凸和肩胛凸出的程度，使所要处理的量变
小，用撇胸和归拢的方法完全能够解决。

（四）袖窿

将包覆男性体表的立体实验得到的紧衣身展开后，与原型的前后中心线
对齐重叠放在一起，观察其图形的差异，我们会发现，原型的袖窿比人体的腋
窝挖低 2～3cm。这样的袖窿深最适合用于合体的袖型，太高则会卡紧臂根，
腋下没有松动空间；太低则会降低袖与身的分离点，减少侧缝线和袖下线的长
度，妨碍抬臂运动，造成机动性下降。

袖窿的形状呈向前微扭曲的椭圆形，很有特点，俗称"棉手套"，这是合体袖窿所特有的造型。前袖窿弧线上端较直，腋下弯度较大，后袖窿弧线与背宽线的切点较高，在腋窝处弯曲程度比前袖窿小，后身的设计是根据造型和功能的需要而设立的。

前袖窿更适合表现合体的衣身，肩胸平整、丰满，腋下合体无堆积；后袖窿则在腋窝处留有一定的活动松量，以适合手臂的活动。

袖窿弧线的长度 AH 一般与胸围呈一定比例，约为 B/2 净胸围 +3cm，在绘制原型之后，可以检验一下。

袖窿深的计算公式 B/6+8cm，仅适用一般体型。当胸围过大或过小时，肥胖体和瘦体用公式推算的值会偏大或偏小，应稍作调整，因为胸围超过一定限度时用公式计算会造成较大的误差。

（五）肩线

原型肩线的绘制方法与我们所熟悉的落肩值、肩宽、肩斜度等表示肩的形态方法有所不同，它是用后背宽线上的某点来确定前、后肩斜线的，这与人体的测量方法也相距甚远。究其原因，就是一种程式化的肩线的做法，它脱离人体实际的肩的形态，纯粹是一种经验的绘图方法。男装实用原型来源于西装上衣，在肩部已包含了垫肩的成分，这样的原型对人体的肩部有一定的塑形和修正作用，使之呈现一种共同宽厚的特征，从而实现男装强调共性，造型均一的效果。

肩部是人体差别较大的部位，不同的人有不同的宽度、厚度、斜度和位置，肩部也是对服装廓形影响较大的部位，通过原型的理想化、统一化的制作，能改变肩形，塑造出理想化的形态。但是，当人的肩部与理想形态差别太大时，会出现不良褶纹等弊病，还应根据各人的情况做调整，事先测量肩宽，目测肩斜的程度是否正常，绘制原型后作检验和修正是很有必要的。

通过对比紧身衣与原型在肩部的差异，我们发现，原型的后肩线的斜度、宽度与人体十分接近，而在前肩处有较大的放量，这个放量留出了垫肩的空间，也改变了前肩线的斜度，使得成衣的肩线在肩棱偏后的位置上，这样更利于表现前身的平整。

（六）袖子

与衣身原型一样，袖原型也是以西装上衣的合体两片袖为基准而来。"合体"是指袖的肥瘦适中，袖身向前弯，与人体向前偏的臂部形态一致，肩端处有明确的棱线造型，袖口宽度与袖身相配。

　　决定袖形的主要参数是袖山高和袖肥，原型的袖山高是用 AH 值推算的：AH/3+0.7cm，这已是合体袖山的极限，应与圆袖窿相配，其袖山高度与穿着状态时的袖窿深度接近相等，另外也可用测量的方法得到袖山高。合体的袖山高比后袖窿深少 2～3cm。

　　男装袖原型袖宽的确立与我们所习惯的衡量袖根宽不同，是采用从前袖窿符合点向背宽横线斜量的方法 AH/3-1cm 来确定，这样的做法更利于袖山弧线的绘制，使其与袖窿的长度和形态更好地相配。经实际绘制和测量，170/88A 的袖原型在上臂处比净尺寸加放 4～6cm，是宽紧适当、合身有形的袖子。

　　袖山弧线比袖窿弧线约大 3cm，这是装袖所需的吃量，以造成袖山圆润地拱起伏在衣身袖窿的外围，使缝制形态更美观，在后袖山处的吃量还有增加活动松量的作用。根据面料的厚薄，吃量必须做相应调整，调整的方法是将公式 AH/2-1cm 中的定数作 0±1cm 的调节。

　　袖山曲线造型要光滑，顶端圆顺地拱起，在背宽线处要控制横向的尺寸以保证袖山侧面的形态不要过于宽肥和狭小。对于合体袖来说，袖山底线的线型更为重要，在前袖窿处，衣身与袖的弯弧线完全一致，才能保证装袖后袖子贴服于身而不向外翻翘，后袖山弧线较直，留出后背的宽松量。

　　袖身的自然弯曲是通过两片袖的分割线实现的，倾斜的袖口与前倾的手臂垂直。

　　总之，男装实用原型既能满足人体静态美观的要求，又能适合人体的动态舒适性的要求，并且适合广泛的穿者范围，使其成衣造型具有理想化的特点，能在很大程度上满足各种人体体型的需要，按它的结构制成带有胸衬和垫肩的西装上衣时，服装呈现出的形态既是人体的形态，更是服装本身的造型，所以对轻微的特体有一定的修正作用。

二、男装实用原型的制作

（一）身原型

　　身原型参考规格：175/96；净胸围 96cm；背长 44cm。

　　以背长为长，净胸围的 B/2+10cm 为宽做四边形，制图步骤如下：①后中心线；②腰围线；③前中心线；④上平线；⑤胸围线：距上平线 B/6+9.4cm；⑥背宽线：距后中心线 B/6+4.7cm；⑦胸宽线：距前中心线 B/6+4.2cm；⑧横背宽线：自上平线与胸围线中点做一水平线；⑨侧缝线：胸围线中点向腰围线做垂线；⑩后领宽线：自 BNP 点向左截取 B/12+0.5cm；⑪后领深线：自后领宽点向上做垂线长（后领宽 /3）；⑫后片小肩线：连结后领深中点，背宽线向下 B/12 点向左延长 2cm；⑬定后 SP 点；⑭前领深线：自前中心线与上平线交点向下截取 B/12 定 FNP 点；⑮前放宽线：自前中心线与胸宽线中点做垂线；⑯前片小肩线：连接前 SNP 点、上平线与背宽线交点向下 B/12 点，自 SNP 点截取后片小肩 −0.7cm；⑰定前 SP 点；⑱前胸宽点：胸围线与胸宽线交点向上 5cm 定点；⑲上袖点：前胸宽点向下 2.5cm 定点；上袖点用自然弧线化领弧线、袖笼弧线作出身原型轮廓线。

（二）袖原型

测量衣身原型袖笼弧线长 AH，制图步骤如下：

1. 大袖

①上平线；②袖宽线：垂直于上平线；③袖山深线：平行于上平线向下 AH/3+0.7cm；④小袖袖山高线：距袖山深线（B/6+9.4cm）/2；⑤袖宽线 AH/2−2.5cm；⑥袖长线；⑦袖口线；⑧外袖缝辅助线；⑨袖肘线。

2. 小袖

在大袖片基础上做出小袖轮廓线制图步骤：①小袖内缝线；②小袖外缝线；③小袖袖口线；④小袖山弧线。

第三节　女装实用原型

在上节我们已经就男装实用原型的构成要素做了分析和说明，女装实用原型构成要素与男装大致相同，在本小节我们便不再赘述。但是，由于女性胸部隆起程度的不同，所以在女装身原型的制作中，需要对原型加以补正，补正的方案我们在下面会做进一步的说明。

一、女装实用原型的制作

（一）身原型

身原型是以净胸围为基准计算，在净胸围的基础上加 10cm 放松量和背长尺寸而作图设计的。利用它可以裁制从紧身的衬衣、西服到宽松的外套、大衣等各种类型的衣服。

身原型制图尺寸：净胸围（B）82cm，背长 38cn。

以 B/2+5cm 为长，以背长为宽制图顺序如下：①后中心线；②上平线；③前中心线；④腰围线；⑤胸围线：距上平线 B/6+7cm；⑥背宽线：距后中心线 B/6+4.5cm；⑦胸宽线：距前中心线 B/6+3cm；⑧侧缝辅助线：胸围线中点向下做垂线；⑨后领宽：B/20+2.9cm；⑩后领深：后领宽 /3；⑪定后尖端点（SP）；⑫前放宽：后领宽 –0.2；⑬前领深：后领宽 +1cm；⑭前落肩线：距上平线 2/3 后领宽；⑮后袖笼凹势点；⑯前袖笼凹势点；⑰前领弧凹势点；⑱胸点线：前胸宽中点偏左 0.7cm 向下做垂线；⑲前后差：前领宽 /2；做出后片原型轮廓线；⑳定前颈侧点（SNP）；㉑定前肩端点（SP）；㉒定胸点（BP）；做出前片原型轮廓线。

（二）袖原型

袖原型是根据身原型袖笼弧长及袖长而制成的一片袖，依据袖原型的变化可以做出各种各样的袖子。

袖原型制图步骤如下：①袖山深线：作水平线；②袖中线：垂直袖山深线；③截取袖山高：AH/4+2.5cm；④袖长线：由袖山顶点向下截取袖长；⑤前袖山坡线：前 AH；⑥后袖山坡线：后 AH+1cm；⑦袖肘线：距袖山顶点（袖长 /2+2.5cm）；做出袖原型轮廓线。

（三）裙原型

裙原型是以净臀围、腰长。腰围和裙原型长为必需尺寸作图的，它是各种紧身和半紧身裙子变化的依据。

1.量体尺寸

裙原型长 57cm，腰长 20cm，腰围 68cm，臀围 92cm。

2.制图顺序

以膝长为长，臀围 /2+2cm 为宽做长方形，制图操作具体流程如下：①后中心线；②腰围线；③前中心线；④膝长线；⑤臀围线：距腰围线 = 腰长尺寸；⑥侧缝线：臀围线中点向后片一侧移 1cm 做垂线。

后腰围大取腰围 /4+0.5cm（缝缩份）–1cm（前后差），前腰大取腰围 /4+0.5cm（缝缩份）+1cm（前后差），把臀围与腰围之差的 2/3 作省份，按图做裙原型轮廓线。

二、女装原型的补正

根据女性胸部隆起程度的相同，除正常体型外，常见的特殊体型有胸部发达和扁平两种。

（一）胸高者衣身原型补正

胸高者衣身原型的补正方法是从腰围线处剪开通向 BP 点的垂直线，同时在袖窿弧线上折叠与胸高缝差加大程度相应的分量，并重新画顺袖窿弧线，胸高者的原型补正后，不仅胸省量增加了，而且侧缝差也自然加大了。侧缝差是为了满足胸省移位的需要而设置的，侧缝差加大与胸高者的省量比一般人大是相适应的。

（二）胸平者衣身原型补正

胸平者的衣身原型补正与胸高者衣身原型补正相反，需减少胸省量。其减少的分量应在侧缝减除，减小使腰围保持相同尺寸。同时，胸平者一般体侧比较单薄，因此要改窄前胸宽，相应地适当加大背宽。由于胸平而胸省量减小，因此侧缝差也要相应减小。

第四节　童装实用原型

一、童装实用原型制作

（一）衣片原型

衣片原型是以内衣外量体所得的胸围与背长尺寸作为基础计算出来的。本小节以 6 岁儿童为例，其尺寸：胸围为 60cm，背长为 26cm。

1.画基础线

（1）纵向取背长，横向取 B/2+7cm，画四边形。因为儿童处于成长期，加之好动，故胸部的松份比成年人服装原型大一些，胸围一周放 14cm。

（2）从上平线向下量取 B/4+0.5cm，画一横线作为胸围线。

（3）取胸围线的中点画出侧缝线。

（4）将胸围线三等分，左面偏等分点 1.5cm 作与胸围线的垂直线为背宽线，右面偏等分点 0.7cm 作与胸围线的垂直线为胸宽线。

2.画轮廓线

后衣片：

（1）后领口弧线：自后中线向右侧量取 B/20+2.5cm 为后横开领大，再向上取其 1/3 长度（记号△）作为后直开领大小，然后用圆顺的弧线连接后领口弧线。

（2）后肩线：从背宽线的上端向下取△，再由该点沿水平方向向右延长△ −0.5cm 作为肩端点，将它与侧颈点连接起来就是肩线。

（3）后袖窿弧线：过后肩端点，相切于后背宽线，直至胸围线，绘制圆顺的弧线。

前衣片：

（1）前领口弧线：前横开领大小等于后横开领大小，再加 0.5cm 作为前直开领，然后按图画圆顺弧线。

（2）前肩线：从胸宽线的上端向下取△ +1，然后与侧颈点连接。前肩线的长度等于后肩线长度减 1cm。这 1cm 是为适合背部隆起所需要的松量。

（3）前袖窿弧线：过前肩端点，相切于前胸宽线，直至胸围线，绘制圆顺的弧线。

（4）前中心下降量：从前中线下端延长△ +0.5cm，到胸宽的 1/2 处画水平线，然后用斜线与侧缝线连接起来。童装中的前片放下部分不是为了胸部，而是考虑儿童的挺胸凸肚体，尤其是 1 ～ 8 岁儿童肚子凸出明显，为了满足肚子的凸出，而需在前中心增加长度。但对于瘦体的，肚子突出不大的儿童或 8 岁以上的儿童，这个量可减少一些。

（二）袖片原型

袖片原型是以衣片的袖窿尺寸及袖长为基础计算出来的。袖片原型所需要的尺寸是前后袖窿弧线长 AH 和袖长。袖长取 6 岁儿童尺寸，为 37cm。

1. 画基础线

（1）画垂线，取 AB= 袖长。

（2）自 A 点取袖山高 AC=AH/4+1.5cm。为考虑手臂活动的机能性，袖山高度随年龄的增大而加高。1 ～ 5 岁袖山高为 AH/4+1cm，6 ～ 9 岁袖山高为 AH/4+1.5cm，10 ～ 12 岁袖山高为 AH/4+2cm。过 C 点画水平线即为袖宽线。

（3）自 A 点作袖肘线，AD= 袖长 /2+2.5cm，过 D 点作水平线即为袖肘线。

（4）自 A 点向袖宽线作斜线，取 AE= 后 AH+1cm 为后袖，取 *AF*= 前 AH+0.5cm 为前袖。过 E、F 点分别作垂线为前后袖下缝线。

2. 画轮廓线

（1）袖山弧线：将袖中点 A 点与前袖 F 点之间的距离二等分，再分别从 A 点向 E 点、F 点取这一尺寸的 1/2，在这些位置上标出装袖线的目标点，前后都在靠近 A 点处取 1cm 高的圆弧线，而靠近 E 处稍向下凹，靠近 F 点处则下凹 1.2 厘米。通过各个目标点画出圆顺的装袖弧线。

（2）袖口线：分别将前后袖宽二等分，两袖下缝线减少 1cm。袖口弧线是为了手臂下垂时袖口能够自然地合乎手臂。

（三）少女服装原型

13～15 岁的少女已经开始出现明显的发育，体型与儿童期相比显著不同，胸部隆起，体厚增加，若仍用童装原型来进行结构设计，服装会不合体。但这时的体型与成年人也同样存在一定的差异，所以必须使用少女服装原型。

1.衣片原型

取 14 岁少女的参考尺寸：胸围为 80cm，背长为 41cm。

先画基础线，然后画轮廓线。画法与童装原型基本相同。胸围的放松量取12cm，比童装原型减少 2cm，为童装原型与成年女装原型的中间松量。侧缝线是在胸围线的 1/2 处画垂线。少女体型胸部虽然丰满，但不如成年妇女，故胸省量比成人女装小些，前中心下降量为 1/3 直开领的大小。

2.袖片原型

袖片原型所需要的尺寸是前后袖窿弧线长 AH 和袖长。取 14 岁少女袖长尺寸为 51cm。袖山高度比童装原型袖山高度稍高些，取 AH/4+2.5cm。

二、童装原型结构设计要点

（一）前身下垂量的处理

儿童体型的特点是挺胸凸肚，所以童装原型中有前身下垂量，这个量是为腹凸设计的。没有下垂量的设计会使服装出现前短后长的弊病。童装原型中腹凸量的值为 2.2～3.5cm，在结构设计中，不能随意抹去。由腹凸造成的前后差主要通过以下方法处理。

1.收省

在衣身结构中，解决腹凸的最简洁直接的方法是形成一个指向腹部的侧缝省，即直接在衣身上收肚省，这样能很好地解决掉童装的前身下垂量。但实际上，在款式设计中，这个部位出现横省的情况很少见，所以大多数时候会根据女装设计原理采取其他的一些方法解决腹凸造型，如将肚省转移到侧缝。

2.转省

转省是将肚省转移到其他部位形成分割线或碎褶的形式。转省的目的是为了在合适的位置收省，如上面收省中讲的将肚省转移为侧缝省，或者在合适的位置使用分割线将肚省转移掉。此外，抽碎褶也是肚省转移的好方法，既可以解决掉肚省，又能使款式多些变化。

3. 前袖窿下挖

前袖窿下挖相当于将肚省部分转移至前袖口处，而在实际制作中并未缝合成型，使其形成浮余留在袖口处，其原理就是袖窿下挖后与袖子缝合时，服装侧缝处会自然上提，这样可以将肚省分散掉一部分。但是，由于它的量较小，为 0.5 ～ 1cm，对服装的造型影响不大。

4. 前底摆起翘

在无省的情况下，仅靠前袖窿下挖平衡不了前后侧缝的差。而在前底摆处做起翘，就可以粗略地解决这个问题。这种做法实际是平面化的结构处理方法。它是将腹凸量人为地减小形成的，弥补了前短后长的缺陷。一般情况下，起翘与袖窿下挖的方法配合使用，适用于较宽松、平整感强的服装。

5. 撇胸

撇胸的原理是以原型上的前中心线最下面的点为圆心，将前中心线向袖口处偏移合适的数值，使领口处增宽，将多余的前身下垂量在前胸处减掉。开放式领型，如西装领或前中心有分割线或开襟的合体服装，常用撇胸的方式隐蔽地解决腹凸问题，其结构实质是将肚省由侧缝转移至前中心线。

（二）原型围度的加放与缩减

儿童时期是人的一生中成长发育最快的时期，所以童装原型分为 1 ～ 12 岁的童装原型和 13 ～ 15 岁的少女装原型。1 ～ 12 岁的儿童身体成长快，活泼好动，童装原型的胸围放松量相对大些，如一般女装原型胸围放松量为10cm。1 ～ 12 岁童装原型采用 14cm 的放松量；而少女装原型则更接近女装原型，如胸围放松量为 12cm，介于女装与 1 ～ 12 岁童装之间，而且原型上有了 BP 点（胸高点）的标注。童装原型本身的结构适合制作一些较为中庸的款式，如宽松的衬衫、简单的外衣等。

对一些合体的款式，如单衣和内衣进行结构设计时，一般需要对原型围度进行缩减处理。此时，袖的结构也要做相应处理。当内层衣物或外衣面料较厚重时，这时的结构要求对原型的围度作加放处理。加放的部位主要是袖窿深、后肩线和领窝宽。同样，袖子的结构也应配合袖窿宽度、深度的变化而变化。对于造型宽松的服装，其围度的放松量可以灵活掌握，胸宽、背宽、肩宽都可依据款式适当增加。同时袖窿的形态会趋于窄长形，而袖山也应配合衣身向宽松型发展。

（三）不同年龄段的原型结构处理要点

儿童体形的特征随着年龄的差异会有很大的不同：幼童腹凸明显，是典型的凸腹后侧体；中童体形呈筒状，腹部的凸起随着年龄的增长而逐渐不明显；大童的胸廓开始发育，腹部也趋向平坦，从侧面看，胸凸超出腹凸成为挺出部位。因而在结构上，不同年龄儿童的原型结构及其用法也有一定差异。主要是前后侧缝差，在幼童中是作为肚省的，随着年龄的增加，其量不断地减少，又逐渐增加而成为胸省。在腰身的处理上，也很能体现年龄的差异。幼童的服装在腰腹部一般不做收入处理，甚至需要在前身做展开。中童的服装若要有收腰效果一般也仅在侧缝处收入较小的量，而且收腰的位置很高，在腰节线以上 5～8cm 处，衣片上一般也不设腰省。大童的合体服装收腰在腰节线以上，除了在侧缝处收入一部分尺寸，还可以在前后衣片上设腰省，整体的收入量较大。小童的西服上衣在前身呈上小下大的结构，利用分割线在胸围线处收入在腰围线以下放开，前身不设腰省。而大童的西服结构与成人的非常类似，有明显的收腰。童装原型袖山高加放的尺寸也与年龄密切相关，一般随着年龄的成长袖山高加放的尺寸可多加些，如该尺寸幼儿期为1cm，小童期和中童期为1.5cm，大童期为2cm。

婴儿装在臀部的围度上要加足够的放松量以便安放体积较大的尿布，且婴儿的腿不停地动，裤腿的围度也不能太瘦。幼童已开始进入幼儿园过集体生活，因此，幼童装在结构设计时要考虑幼儿自己穿脱方便，上下装分开的形式比较多。服装的开口或系合物应设计在正面或侧面比较容易看得到、摸得着的地方，并适量加大开口尺寸，扣系物要安全易使用。幼童好动，从结构上讲，幼童服装都需要有适当的放松量，但是下摆、袖口、裤脚口不宜过于肥大，且袖管、裙长、裤长也不宜太长，防止幼儿走动时被绊倒或钩住其他东西。

第四章　服装局部结构设计

第一节　衣领结构设计

一、衣领概述

（一）衣领的分类

衣领是影响服装外观和美感最关键的部位之一，领型式样千变万化，了解衣领的分类是衣领结构设计的基础。

1.按构成分

（1）无领型领：也称领口领。只有领窝，没有领子，直接用领窝线形状作为领口造型的一类领型。根据其穿脱方式，又可分为贯头式和开襟式，如图4-1（a）所示。

（2）有领型领：缝合在领窝弧线上或在前后衣身上直接造型的各种领子的统称，如图4-1（b）所示。

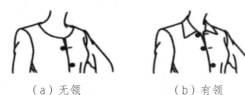

（a）无领　　　　　　　（b）有领

图4-1　按衣领构成分

2.按穿着状态分

（1）开门领：第一粒扣位较低，穿着时靠近颈部的前胸部位以及颈部呈敞开状态，如图4-2（a）所示。

（2）关门领：第一粒扣位靠近领窝点，穿着时呈关闭状态，如图4-2（b）所示。

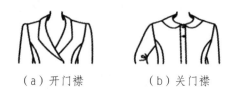

（a）开门襟　　　　（b）关门襟

图4-2　按衣领穿着状态分

3.按外观形态分

（1）立领：围绕颈部呈竖立状的领型，如图4-3（a）所示。

（2）翻领：领面和领座以翻折线为界，领面可沿翻折线翻折下来覆盖领座的领子，如图4-3（b）所示。

（3）企领：立领作为内领，翻领作为外领的组合式领子，如图4-3（c）所示。

（4）驳领：由翻领或立领和驳头组合而成的一类领型，有翻驳领和立驳领之分，如图4-3（d）所示。

（a）立领　　　（b）翻领　　　（c）企领　　　（d）驳领

图4-3　按衣领的外观形态分

（5）花式领：花式领包括垂褶领、波浪领、系带领、帽领等，有别于前几种基本领型，是通过各种处理手法制成的具有特殊效果的异形领型，如图4-4所示。

（a）垂褶领　　　（b）波浪领　　　（c）系带领　　　（d）帽领

图4-4　花式领

（二）衣领款式的设计方法

衣领款式指衣领的外观式样。款式设计是对衣领式样的具体构思，虽然设计方法千变万化，但林林总总，最基本的不外乎仿生设计、抽象设计和自由设计三种方法。

1.仿生设计

仿生设计是从自然中的具象事物获得启发而进行构思创作的设计，如常见的燕尾领、青果领、蝴蝶领等均属仿生设计。这种方法直观简易，只要依据具象事物的外观形态稍作变化，即可创造出生动新颖的衣领造型。许多美好事物的原型，由此成为衣领多样化设计取之不竭的灵感源泉。例如，当我们见到荷塘中碧绿的荷叶，由此得到启发而进行仿生设计，即可创造出随意、优雅的荷叶领，搭配在夏季女式连衣裙上，独具风格。

2.抽象设计

抽象设计则是直接运用各种几何形态进行款式构思的设计，如众多的方领、尖领、圆领等均属此类。运用这种方法设计出来的衣领落落大方，几何韵味和时代感强烈。法国时装大师皮尔·卡丹，便是一位非常擅于运用抽象设计的高手，作品风格简洁前卫，与众不同。

3.自由设计

自由设计是一种没有固定模式，随兴进行构思新款式的设计方法，如各种飘荡领、皱褶领、多层领等均采用自由设计，采用此法设计衣领，多通过立体裁剪来造型，手法灵活多变，常用于形态比较随意的衣领款式。

（三）衣领材料的选用

恰当地选"材"，对于服装设计至关重要。服装材料是表达设计理念的物质媒介，其种类相当多样：天然纤维的棉麻毛丝、各种化学纤维面料、动物表皮、皮革及各种现代辅料、装饰材料等。

衣领的立体塑形效果更与服装用料的材质特点息息相关。多数情况下，衣领与衣身所使用的主体面料是一致的。其中，各种毛麻织品、优质的皮革材料，质地挺括，非常适宜硬线条衣领的设计制作，成型效果挺板庄重，如各种外衣的衣领。各种纱类、丝类等悬垂面料，质地柔软，适宜柔线条衣领的设计制作，成型效果自然飘逸，如各种女式时装的衣领。当设计一些更为前卫的衣领款式时，那些经过特殊工艺处理的，外观肌理与众不同的材料，就成为首选目标。例如，透明的或具有金属光泽的材料，运用它们塑造出的衣领造型，会更具有强烈的艺术感染力。

衣领的设计制作，有时需加必要的辅助材料作为支撑的骨架，成功地完成特定的造型设计。例如，特大的立领，领片之内需加硬实的辅垫方能立而不倒。

其次，衣领由于地位的特殊性，成为设计者频频采用装饰手段的部位。常见的装饰材料有各种形状的领角、纽扣、亮珠、金银片，各种材料制作的飞边、流苏、丝线。由于装饰材料的点缀，变化了衣领的外观造型效果，增添了情趣。

总之，对衣领设计制作所需材料的巧妙选用，需具有高度的理性认识，更需感性实践经验的日积月累，设计者应不断提高自身的艺术素养与技术水准，使衣领的外观款式之美、结构裁剪之美与材质工艺之美最终达到和谐统一。

（四）衣领设计应遵循的原则

1. 因人而异的原则

正所谓"千人千面，万人万样"，人的脸型方圆尖长的差异，体型有高矮胖瘦不同，年龄上也有少壮老迈的变化，再加之一些人本身存在的身体缺陷，这就决定着衣领的设计要因人而异。设计中，可以巧妙地运用错视原理，避免同类线条轮廓的反复出现。例如，用简洁的具有横向感的一字领衬托椭圆脸型，用大方的圆翻领缓和三角形脸的尖刻。除了关注脸形外，衣领的式样还应特别注意与脖子的协调，如果让胖脸短颈的人穿小立领，让长脸瘦颈的人穿V无领，就会有一种扬短抑长的感觉了。

2. 服从于整体的原则

服装风格有典雅庄重与活泼轻松之别，若把造型活泼的衣领，匹配到风格庄重的服装上，会让人感到极不和谐。另外，男装多讲究简练大方，以表达阳刚之美；女装多突出变化多姿，以表现高雅秀丽。这体现在男女装衣领款式的设计上，也存在着较大差异，女装衣领的款式相对要比男装丰富得多，造型上也不拘一格。

3. 工艺可实现原则

裁剪是对设计的款式进行结构上的合理分解，剪切出可供缝制的衣片；制作是对衣片进行合理有效的组合，最终达到服装成型之目的。裁剪与制作工艺是实现服装设计理念的技术保障。在衣领款式设计时，就应考虑到工艺的可行性，构思出来的款式应该能够进行实际的结构裁剪和制作成型，否则，就是一种毫无意义的空洞设计。

4. 艺术形式美的原则

服装设计是造型艺术，与别的造型艺术一样，它的原则应该是美的。其他艺术的形式美原理，同样适用于服装设计，更适用于衣领的设计。设计一款衣领，首先应考虑它所占据整个服装的比例是否匀称适度，以及衣领本身各处之间的组合比例，是否具有美感。运用节奏美的原理可以设计出形式活泼的多层次领；运用对比美的原理可以设计出不对称领。另外，衣领的款式还应与服装的袖子、口袋等部位保持风格上的呼应。形式美没有一个固定模式，只要设计出的衣领与整个服装风格，与穿衣人之间搭配和谐，尽可以大胆创新。

5.实用性与装饰性兼具原则

衣领对颈部有着十分重要的保护作用，但随着时代的发展，服装设计越来越追求美感效果，衣领的自然功能逐渐降至了次要地位，其装饰性已成为衣领设计的主要着眼点。成功的衣领设计，在充分考虑实用性的同时又能努力创造出美的形式，若两者顾此失彼，都是不可取的。

6.符合时代潮流的原则

衣领是服装款式中最引人注目，最能传神的关键部位，它在服装的流行中起着举足轻重的作用。衣领的款式设计应及时顺应流行的潮流，不断推陈出新。人的着装与时代合拍，才会具有魅力。具体设计中，只有综合考虑到时代的要求、穿衣人的要求、服装风格的要求，才能创造出真正具有强烈时代美感的衣领款式。

二、不同领型的结构设计

（一）立领结构设计

1.立领造型分类

立领是一种将领片竖立在领围线上的领型，所以又称竖领。根据造型可分为三种领式：

（1）普通立领

普通立领是将单裁的领片竖立在领圈之上的领式，这种领式立体感强，简单挺拔，会造成人体颈部拉长的视觉感。我国传统旗袍、中山装以及一些现代行业装衣领均采用这种设计。立领领面的宽窄，领缘形状装饰以及与颈的离合会产生不同的造型效果①，如图4-5（a）所示。

（2）连立领

连立领又称为企鹅领，是指与衣片相连顺着颈部立起的领式，具有清秀端庄的气质，常用于春秋季女套装中。连立领的造型效果主要反映在领缘角度变化及搭门的装饰，如图4-5（b）所示。

---

① 戚晓佩.服装局部设计大系[M].沈阳：辽宁科学技术出版社，2003：45～49.

（3）卷领

卷领是由连立领演变的一种立领形式，是立领中最具柔和性的领式。卷领将立在领圈上的领子向外翻卷过来，常用于毛衣和针织内衣，具有恬淡优雅的美学特征，如图4-5（c）所示。

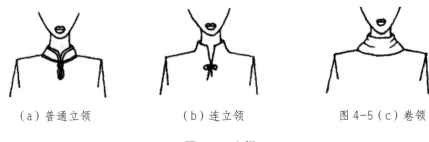

（a）普通立领　　　　　　　　（b）连立领　　　　　　　图4-5（c）卷领

图4-5　立领

2.立领结构设计

（1）领型结构

立领的领口变化较大，大致可以分为直立式、抱颈式、离颈式三种造型，如图4-6所示。

（a）直立式　　　　　　　（b）抱颈式　　　　　　　（c）离颈式

图4-6　立领的三种基本造型

（2）立领的结构设计要点

立领的结构设计主要依据前颈窝点、颈后中点、肩颈点，在此基础上进行变化产生不同造型。具体来说，主要分为三种情况：

①当前领口起点在前颈窝点上，前领片与颈部较贴合，由于前领口的紧密闭合支撑着立领的整个造型，后领围线在颈后中点上下移动皆可，会形成不同的分离、贴合造型。当前领围线往前颈窝点下移动时，前领片的造型会显得较松散，如果后领围线再向颈后中点以下活动，整个立领的造型趋势越来越不明显，直至完全破坏。因此，当前领围线的位置变化时，后领围线不应过于偏离颈后中点，应呈直立造型，与颈部贴合。当后领围线固定时，前领围线可做不同角度变化。

②领的侧面造型线与颈部紧密贴合时，前领可在颈窝点上做不同角度变化，同样后领也可以在颈后中点上做不同角度变化，因为侧面的造型线已与颈部贴合，利用颈部力量建立立领的造型。反之，前领应与颈部贴合。

③袖型的变化也影响着立领的造型，领面离颈部较远，整个领子趋向于盆领，这时袖子应选用上肩袖，而不能采用插肩袖。因为没有颈部的支撑，领子就会变得松散，而与肩、颈合体度较强的上肩袖正好能起到固定领型的作用。插肩袖的合体度一般不能起到固定的作用。

从以上的分析可以看出：立领结构存在是以颈部为依附体，产生力量支撑。在进行设计变化时，至少有一个点要与颈部贴合，才能产生好的立领造型。

（二）无领领型的结构设计

1.无领领型的分类

无领领型根据衣身前后领窝线深浅、宽窄、方圆、平尖角等变化可做出多种造型，根据其结构造型可将其归纳为 8 种领型：圆领、U 型领、船型领、一字型领、V 型领、方型领、五角领和鸡心领，如图 4-7 所示。

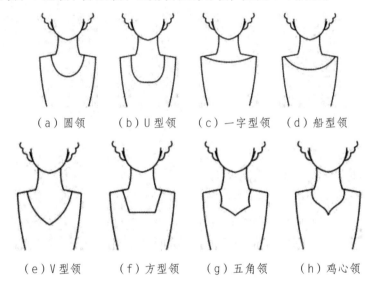

（a）圆领　　（b）U 型领　　（c）一字型领　　（d）船型领

（e）V 型领　　（f）方型领　　（g）五角领　　（h）鸡心领

图 4-7　无领基本领型

2.无领结构设计

无领的结构设计相对简单，横开领、直开领的大小及造型可根据设计图的领型进行模仿性绘制，不需要计算。为了提高制图的准确与合理性可在人体或人台上实量尺寸。

（三）翻领领型的结构设计

1. 翻领的造型结构

翻领造型结构比较复杂，翻领造型结构占有当前所有领子结构设计的特点，翻领由领口和领身构成。领口即衣身的领窝，由领宽、领深和领窝弧线的具体形态决定。翻领的领身可以看成由领面和领座构成，领底线和翻折线之间直立的面为领座，翻折线和领外口线之间的面通常叫作领面。如果将领片展开，其应与衣身领窝缝合的部分为翻领的"里口"，"里口"的对边即翻领的边缘为"外口"。翻领的"里口"并非直线，而是稍向内凹的弧线，内凹的尺寸叫"起翘"，该尺寸的大小可直接影响翻领"里口"和"外口"的尺寸之差，一般翻领的"外口"尺寸比"里口"尺寸稍大，使得领子围在颈部时靠近领窝部分可以自然地立在脖颈周围（不是整圈），领子外口部分会自然向外翻出，自然立起的部分称为"底领"，自然外翻的称为"翻领"。

2. 翻领结构设计

（1）翻折线、前领面及驳头轮廓部分设计

翻折线、前领面及驳头轮廓部分设计主要由审美要求、习惯性和流行性决定。前领面可宽可窄，驳头可大可小，串口高度、斜度可随意设计（普通翻领座宽 3cm，领面宽 4cm）。操作时，以前衣身纸样为基准。

第一步：定翻折线。自前衣片侧颈点沿肩线向外取 2cm 定为顶点 O，搭门线上第一扣位置为底点 O'（O'点高低位置可根据款式确定），连结顶点和底点即为翻折线 OO'。此线既是前领面与领座、驳头与前衣片的界线，又是后领翻折线的基准线。

第二步：将前衣片结构图铺于操作台上或附于模特上，在翻折线以下画出领子前部轮廓，包括领面、领嘴形状、驳头轮廓、串口高低及其倾斜度。

第三步：将所设计的领子前部轮廓"对称"到翻折线以上。传统方法常用"描点对称法"，这种操作方法适应于直线轮廓的领型，将领轮廓的几个转折点"对称"准确即可。如遇弧形等复杂轮廓领型，理论上需做无数对称点，才能将领轮廓"对称"准确，实际操作时是不可能的，并且操作麻烦。最简便准确的方法是"复制对称法"，操作时，将前衣片结构图沿翻折线对折，用绘图笔将领前部轮廓"复制"到翻折线以上，即可准确无误地得到所设计的领前部结构。

"复制对称法"设计领前部结构简单而准确，操作过程中，根据审美要求和习惯，配合面料质地和花色品种，前部领型设计空间非常大，同一翻折线下，可以做出数款领型供选择。

（2）翻领领座、后领面部分设计

翻领领座、后领面部分设计以领座和领面具体宽度为依据，技术性很强，它决定着整个领型结构，是影响领座贴紧度（领面外围容量）的关键因素。

第一步：定翻折角。以顶点 O 为圆心、17cm 为半径向后领部画弧。并取相当于后领面宽度值的弦 AB。∠AOB 即为翻折角，OB 线即为后领翻折线。

第二步：画领座及领后中线、后领面。距 OB 线 3cm（领座宽度值）作平行线即为领座底线，由肩线沿领座底线向后取后领弧长定领后中线，根据后领面宽画出领子后部轮廓，并与前部轮廓协调画圆顺。由于顶点 O 是前后领翻折线的转折点，而穿着时该处是弧形转折，故应修成弧形，肩线处领轮廓也与之相呼应。同时修顺领与前衣片重叠部分的领底线。

这部分关键是掌握翻折角的使用量，翻折角的大小决定了领面外围容量，以领面宽和领座高为依据所设计的翻折角为基准翻折角，这时领面和驳头平整地贴服于前衣片。一般说来，设计领宽所对应的翻折角不小于基准翻折角，否则领面外围太紧，领口拉大变形，使肩胸部挤出皱褶，并且领面紧扣于颈部，穿着时颈部感觉不适。

具体设计时，还要考虑面料特性。对于一些针织物、松式呢等结构松散、尺寸稳定性较差的面料，设计翻折角可适当小于基准翻折角，以避免领面外沿上翘而使领面与领座不贴服；对于一些质地密实、弹性较小的面料，设计翻折角可适当大于基准翻折角，以保证领子外围容量足够而使领面贴服于领座。如果设计效果要求领面宽度不变而增大外围容量，即增强领面活泼性。如一些时装的"喇叭"领型设计，可视"喇叭"形状增大翻折角使用量。

第二节　衣袖结构设计

一、衣袖概述

（一）衣袖的分类

1.根据袖山的设计分类

根据袖山的设计分类，可将袖子分为装袖、连身袖、插肩袖。

（1）装袖

装袖是指衣身和袖子分开裁剪，再缝制到一起，装袖的特点根据人体的肩部与手臂的特点自然造型，是最贴合人体的袖型，在袖子的设计中被广泛地应用。装袖又可分为圆装袖、平装袖等。

（2）连身袖

与衣身部分或全部连在一起的袖子叫作连身袖。连身袖的特点是宽松舒适、易于活动，且工艺较简单，因此多用于老年服饰、睡衣、家居服等。

（3）插肩袖

插肩袖是介于连身袖和装袖之间的一种袖型，袖子的袖山直接延伸到领围线或肩线。袖山延长至领围线的叫作全插肩袖，袖山延长至肩线的叫作半插肩袖。也有根据设计的需要，而自由变化插肩袖的拼接线。插肩袖的造型特点是袖窿很深，袖型流畅修长、宽松舒展，在大衣、外套、运动服中经常使用，但由于在裁剪上较费面料，这在客观上也影响到了插肩袖的广泛使用。

2. 根据袖身的设计分类

根据袖身的设计，可将袖子分为紧身袖、直筒袖和膨体袖。

（1）紧身袖

紧身袖是指袖身形状紧贴手臂的袖子。紧身袖的特点是衬托手臂的形状，随手臂的运动柔和优美，多用于健美服、舞蹈服、练功服等的设计中，在时装类女装中，多用于毛衫、针织衫的设计。紧身袖通常使用弹性面料，如针织面料、尼龙或加莱卡的面料中。紧身袖一般是一片袖设计，造型简洁，工艺简单。

（2）直筒袖

直筒袖是指袖身形状与人的手臂形状自然贴合、比较圆润的袖型。直筒袖的袖身肥瘦适中，迎合手臂自然前倾的状态，既要便于手臂的活动，又不显得烦琐拖沓。直筒袖往往是两片袖，由大小袖片缝合而成，有的还在袖肘处收褶或进行其他工艺处理以塑造理想的立体效果，男装大多使用直筒袖，女装设计中直筒袖多用于经典或优雅风格的服装设计，如职业装、风衣等。

（3）膨体袖

膨体袖是指袖身膨大宽松、比较夸张的袖子。膨体袖的袖身脱离手臂，与人体之间的空间较大，其特点是舒适自然、便于活动。膨体袖多用于运动服、练功服以及前卫风格的服装中。膨体袖可分别在袖山、袖中及袖口等不同部位膨起，如灯笼袖、泡泡袖、羊腿袖等。多采用柔软、悬垂性好、易于塑形的面料。

（二）衣袖主要部位分析

1. 袖山结构

袖山是指袖山顶点至袖深线的这段曲线。这段曲线的状态时而突兀，时而平缓，从而形成了不同的衣袖外形。无论是装袖还是连袖，各类袖型的演化过程，都是从贴身合体到宽松肥大。其造型结构变化的关键是袖山曲线曲度的变化。袖山高的变化是袖山曲线曲度变化的根本原因，它的高低变化与衣袖的合体程度有直接关系，且对袖肥、袖窿深也产生一系列的影响。

2. 袖山高与袖肥的关系

袖山弧线的长度是以 AH 值为基数设计的，这种配袖方法比较科学，可以确保衣袖与袖窿的吻合。原则上讲袖山弧线与袖窿弧线的长度应该是相同的（暂不计算缩缝量），否则它们就不能缝合。但在实际运用时，考虑到服装造型的需要，往往袖山弧长大于袖窿弧长 2～5cm。这 2～5cm 是袖山的吃势，使袖子与袖窿缝合后形成饱满、圆润的造型。

现在，我们撇开袖窿形状的因素，在袖窿弧长等长的前提下，分析袖山高低的变化会给袖肥带来怎样的变化。如果把袖山高 AB 理解为中性袖，按照结构的要求袖山曲线长度不变，袖山高越大，袖肥越小；袖山高越小，袖肥越大；袖山高为零时，袖肥成最大值，因此袖山高与袖肥成反比例关系。

从袖山结构的立体角度看，袖山高尺寸制约着衣袖与衣身的贴体程度，袖山高加深，使衣袖变瘦而合体，腋下合身舒适但不宜手臂的活动，肩角俏丽而个性鲜明。袖山高变浅，衣袖变肥而不贴体，腋下容易堆褶，但活动方便，肩角模糊而含蓄。由此可见，袖山增高的设计，更适合活动量小的礼服，公职人员的制服和表现庄重的服装；袖山低的结构则更适合活动量大的休闲服、工作服和运动服。

3. 袖山高与袖窿的配合关系

袖山与袖窿的配合方式，会影响成型后服装的肩部造型，采用什么样的配合方式，要根据款式造型要求而定。现在我们从以下几个方面来展开讨论。

（1）袖山高与袖窿的配合关系

从前面袖山高与袖肥的变化关系中可以发现，袖山高的改变是在袖山长度不变的前提下进行的，而根本没有考虑它与袖窿深浅和形状的配合关系，就是说袖山高加深衣袖变瘦，袖山高变浅使衣袖变肥时的袖窿状态完全相同，严格来讲这是不符合舒适和运动功能的，也不能达到较理想的造型要求。所以在选择低袖山结构时，袖窿应该开得深，宽度小，呈窄长形袖窿。相反袖窿越浅越贴近腋窝，其形状越接近基型袖窿的椭圆形。这些主要是从活动功能的结构考虑，因为，当袖山高接近最大值时，衣袖和衣身呈现较为贴身状态，这时袖窿越靠近腋窝，其衣袖的活动功能越佳，即腋下表面的结构和人体构成一个整体，使活动自如。反之，袖山很高，袖窿也很深，结构上远离腋窝而靠近前臂，这种衣袖虽然贴体，但手臂上举时受袖窿牵制，而且袖窿越深，牵制力越大。当袖山很低，衣袖和衣身的组合呈现出衣袖外展状态，如果这时袖窿仍采用基本袖窿深度，当手臂下垂时，腋下会堆集很多余量而产生不舒服感。因此，袖山很低的袖型应和袖窿深度大的细长形袖窿相匹配，可以达到活动、舒适和宽松的综合效果，直至袖山高接近于零，袖中线和肩线形成一条直线，袖窿的作用随之消失，这就成了中式袖的结构。

袖山的高低与袖窿的深浅，这之间有着一定的比例关系，但因构成服装结构的条件是可变的，如人体本身的活动。不同服装使用材料的伸缩性及物理性能各不相同，为此具体应用时，应考虑在一定范围和造型特点的要求下灵活运用。例如，为达到某种造型效果，肩端点的位置需内外移动，落肩的尺寸也需要变化，那么与此相对应的袖山部位也应随之进行调整。

（2）袖窿弧长与袖山弧长的数量关系

为了使袖山造型圆顺、饱满，袖山要有适当的缩缝量。这个缩缝量与袖山的高低有关，当袖山高曲度大时，缩缝量应多些，反之少些。缩缝量与面料的薄厚、组织结构的疏密都有关系。较厚的、组织结构疏松的面料缩缝量应多些；较薄的、组织结构紧密的面料缩缝量应少些。这些缩缝量不是均匀分布在各处，而是袖山顶点两侧的部位较多，其他部位较少。

（3）袖底弧线与袖窿弧线的对应关系

要使衣袖装缝后能很好地与衣身吻合，除了袖窿与袖山的弧线比例正确，线迹圆顺外，还有一点比较关键的是衣袖的袖底弧线与袖窿线的吻合。造型合体、平服的衣袖，其底部与袖窿弧线的形状十分接近，基本吻合，否则衣袖底下会堆积余褶，如西服的袖型基本属这一类。造型宽松、肥大的衣袖，衣袖底部与袖窿弧线不必吻合，形状上可以有较大的差异。

二、不同袖型的结构设计

（一）无袖结构设计

无袖是指只是对衣身的袖窿进行设计的一种结构形式。无袖主要应用在礼服、裙装、衬衫、马甲等款式中。无袖结构的主要相关因素有胸围的放松量、袖窿的深浅、肩的宽窄等制作工艺。

1.背心式无袖袖型

无袖结构上衣在设计时，袖窿不能太浅，这样穿着不舒适。同时，袖窿又不能太深，这样不雅观。在工艺上，袖窿可采用内绲边的方法，并要求绲边略拉紧些。

2.吊带式无袖袖型

吊带式无袖袖型设计要求袖窿和吊带的连线圆顺优美。

（二）装袖结构设计

普通装袖是在人体臂根线附近缩合的立体袖的总称。普通装袖的设计名称中,有根据袖长不同而进行分类的名称,有根据袖子的款式而命名的名称,也有根据构成袖子的袖片数量进行分类的。本小节主要是对一片袖、两片袖进行讲解。

1.一片袖结构样板设计

在不同服装款式、结构造型设计中,无论衣袖款式、结构如何变化,都是在一片袖的基础上形成的。一片袖通常是指衣袖由一片袖片组成,也可以认为袖底有一条拼缝。一片袖可分为合体一片袖和宽松一片袖。一片袖应用广泛、变化大,通常从穿着的合体程度、袖长、袖口造型、袖衩、袖省、袖子分割形式、展开方式等多方面进行变化。

（1）一片袖短袖结构样板设计

一片袖短袖的特点是袖子的长度在袖肘线以上,适用于夏季男女老少的各式服装中,它在形式上表现为袖子是一个完整的、未经分割的整体。普通短袖一般可以直接参考原型袖绘制。此种袖子通常有贴体型、合体型、较为合体和宽松型几种类型。如果是较合体的款式,袖山高可按 AH/3 定出。一般袖长可控制在 15～19cm,袖口可根据款式而定。

（2）一片袖长袖结构样板设计

一片袖长袖在服装上应用最广,春夏秋冬四季都有合适的袖型,在形式上表现为袖子是一个完整的、没有经过分割的整体。通常可以分为合体型和宽松型两种类型。

①合体型一片袖:主要用于套装上衣、西服及休闲装等的袖子。套装一般是以合体性为主,其袖子的造型也是要求合乎手臂的造型。在绘制一片套装袖时,为了使一片袖达到合乎手臂的效果,必须采用做后肘省或袖口省等的方法进行处理。

②宽松型一片袖:宽松型的一片衬衫袖,袖山和袖口均抽细褶,袖口的细褶用袖克夫（介英）加以固定。

2.两片袖结构样板设计

两片袖是合身型袖型,将前、后袖片进行分割,并把袖肥与前、后袖口宽的差数在后袖缝处去掉，构成袖肘的弯度，达到符合人体自然状态的要求。两片袖主要在前、后袖缝的借量、袖山弧度、袖山高、袖衩等方面进行变化。该袖型的特点是袖肥窄、袖山高，穿在身上后显得合体，手臂自然下垂时腋下无褶皱，故常用于各类西服、套装、制服等活动量较小的服装中。两片袖结构样板制图方法有两种：一种为两片袖重叠制图法，另一种为两片袖分开制图法。

（1）两片袖重叠制图法

两片袖重叠制图法是指在进行袖子结构设计时，把小袖重叠在大袖中进行绘制的方法。在绘制两片袖时这种方法用得比较多，大小袖片的制图同时进行。

（2）两片袖分开制图法

两片袖分开制图法是指在进行袖子结构设计时，把小袖、大袖分开绘制的方法。

第三节　衣袋结构设计

一、衣袋概述

（一）衣袋的分类

衣袋大体可以分为贴袋、缝内袋和挖袋。

1.贴袋

贴袋是指先将口袋布按设计意图做好后再直接缉缝在服装上的一种口袋。由于衣服口袋在服装外部，因此具有较强的装饰性，还起到扩展衣身外形的作用。贴袋可以分为平面型明贴袋、立体型明贴袋及暗贴袋三种形式。

（1）平面形明贴袋

平面型明贴袋中最简单的是四方形，在四方形的基础上，袋形可变化为长方形、宝剑头形、圆角形、抹角形、多角形等，童装上的贴袋还可以采用不同色彩、质感的面料设计成水果形、小动物形等丰富多彩的卡通图案造型，使之更富童趣和装饰美。

（2）立体形明贴袋

立体形明贴袋指增设口袋的侧边厚度，突出口袋的体积感。例如，导演、摄像师穿的多袋背心，以及在野外作业的人员穿的工作服常有这样的设计，以便于存放大量的易碎物品。

（3）暗贴袋

贴合、固定在服装裁片反面的口袋为暗贴袋，一般其袋口均处于服装各片的自然拼接缝处。其袋形均以显眼的明缉线的方式显现出来。因此，暗贴袋的变化反映在袋形的变化、线迹的变化、位置的变化等几个方面。

2.缝内袋

缝内袋是指在服装拼接缝间留出的口袋，由于口袋附着于服装结构线，不引人注目，所以不影响服装的整体感和服饰风格，是较为实用朴素的一种袋形，但在袋位的选择上却受到衣片结构上的局限，不及其他口袋来得自由。多用于高档、正规的服装中，缝内袋上还可以采用镶边嵌线、加袋口条、缝袋盖、按扣袢、拉链等来丰富其造型变化。

3.挖袋

挖袋也称开袋，是在衣片上按一定形状剪开成袋口，袋口处以布料缉缝固定，内衬以袋里的口袋。挖袋具有轻便、简洁的特点。其变化主要在袋口和有无袋盖上面。有横开、竖开或斜开的单嵌线及双嵌线无袋盖的挖袋；也有缝上各式袋盖的挖袋。由于挖袋需在面料上开剪，工艺质量要求很高，因此，布质织纹不够紧密及透明织物的服装不宜做挖袋，以免影响牢度或破坏服装的整体形态感。

（二）衣袋的功能

1.衣袋的实用功能

实用功能是衣袋设计最初的价值，其目的是解放人的双手，方便携带东西，所以服装口袋的大小、深浅、位置等需要考虑手的活动特点。例如，最基本的设计是依据人的手掌宽度设计口袋宽度。成年女性的手宽一般在 9～11cm 之间，成年男性的手宽在 10～12cm 之间。男、女上衣大袋袋口的净尺寸可按手宽加放 3cm 来设计。对于大衣、棉衣类的服装袋口的加放量还可适当增大些，上衣小袋只用手指取物，其袋口净尺寸：男装为 9～11cm，女装为 8～10cm。当然，也有为特殊用途而设计的小口袋。如牛仔裤的复合口袋上往往有个为放置钥匙而设的仅容得下两根手指的小口袋，以及为依据手机放置宽度而设的口袋。

除此之外，衣袋还有个不能被忽视的作用，那就是保暖作用。尤其是冬季服装的衣袋，还要格外注意衣袋的手部保暖作用，衣袋要足够深，基本容得下整个手掌，又要注意面料的保暖性。为此有些服装还在衣袋布上做了夹棉处理，以能储留大量静止空气，增强保暖性。由于相对其他季节，冬天手放在衣袋的时间较长，所以衣袋的位置设计要更加注意到把手插进衣袋时的舒适性，要考虑到胳膊的活动范围，不能太高或太低。太高的话肘部需要抬得很高，且要一直悬着，时间一长手臂会酸疼；太低的话，手伸进去却找不到"落手点"，有悖于平时习惯。所以衣袋应尽量设置在令手部弯曲较少的位置，能够托住手，这样才能保证手长时间放在衣袋里的。一般在腰围线以下10cm至臀围线以上为宜。

2.衣袋的装饰功能

现在很多女性出门似乎更愿意带个精致的手提包，与她们的服装搭配，她们不愿让各种各样的东西来引起服装的臃肿下垂，使得服装衣袋失去了用武之地。其实不然，衣袋的存在不是仅为容纳东西的，某种意义上它象征着做工的精益求精，也常常是服装价值提升的要素之一，而且带有美化服装的使命。

服装不是对人体外形形状的简单复制，而是对人体的复杂轮廓的简化、平整化以及打扮修饰等，而作为服装设计的重要构成要素，衣袋同样为服装的对人体的"塑造"功能承担责任。合理的衣袋设计可以增加服装的点缀感、层次感、趣味感。

衣袋的装饰性在于它的面料、造型、颜色以及图案，它能起到画龙点睛之效，甚至赋予了服装在某些专业领域的特殊功能需求。衣袋往往能使服装表面形象更丰富，更有立体感，具有多种情趣又有多种用途。因此，除了关注实用要求外，衣袋的设计还应注意以下两点。

（1）衣袋要与衣身整体造型相协调

衣袋在服装整体造型中的任务是加强和充实服装的功能性，丰富和完善服装的形式美。由于其常处于服装造型中的明显位置，所以会直接影响和体现服装造型的风格和特色。无论如何变化，衣袋都不会有独立于服装造型之外的美感。因此，其形式应从属于服装的整体造型。只有与服装造型达到高度协调，衣袋才能充分体现其美感。

要特别注意衣袋与服装整体造型点线面的协调。第一，衣袋尤其是贴袋的直线与曲线的运用要与衣身的直线与曲线的运用相协调。曲线越多越是活泼飘逸，直线则给人庄重硬朗之感。曲线和直线应用的比例会直接影响服装整体风格中休闲还是庄重的成分。此外，在衣袋上缉缝明线会增加服装的休闲之风，如牛仔衬衫、牛仔裤，可见衣袋线条也是衣身装饰线条的重要组成部分。第二，衣袋在整件服装设计要素中起到"面"的作用，它使服装的立体形态更加突出，使服装具有虚实量感和空间层次感。通常要根据服装的尺寸调整衣袋的大小，大码女装上的小口袋会使小口袋和口袋以外的大面积的服装形成对比，从而更加强调穿着者体型的庞大。反之亦然。

（2）衣袋的位置要合理

由于衣袋位置会影响服装的比例，所以设计衣袋位置的时候要同时兼顾实用性和美观性。它能在视线上起到水平分割的作用，使得服装的上半部与下半部处于一定的比例，因此它具有整体协调的作用。甚至有时为更好地追求美观性或特殊的比例，衣袋的实用性以及所在位置的舒适性有时会被忽略。此外，衣袋尤其是贴袋会增加视觉上的膨胀感。在胸部或臀部的位置设置口袋会对其加以强调，尤其是在贴身服装上，所以此时要考虑到目标人群的体形特征。

紧身服装一般不设置衣袋，因为口袋的体积会使局部臃肿，会破坏服装的塑形效果。但是只要位置恰到好处，它又能化腐朽为神奇。例如，中山装的立体贴袋，其饱满的袋型为整件服装增添了体积感，给人以精神饱满，昂首挺胸之感。还有不少O型长裙和H型长裙，在腰部增加松垮的口袋，不仅增强了腰部或臀部的体积感，强化了造型的视觉效果，也丰富了服装的层次感。

二、衣袋设计

（一）不同风格下的服装口袋设计

1.形式主义下的服装口袋设计

形式主义下的口袋设计在服装中来说就是我们平时所说的纯装饰口袋，也就是大家所俗称的"假口袋"。这类口袋的设立原本就不是为了使用，而仅仅作为一个装饰作用，以便消费者在视觉感官上得到平衡而设计。礼服中的口袋设计更多的就是作为形式主义而存在，礼服是在庄重的场合或举行仪式时穿的服装，一般来说女性所穿着的晚礼服大部分都是没有口袋的，即便有口袋也会借助一些巧妙的方式将之隐藏起来。裙装上的口袋绝大多数会选择插袋的形式在服装表面破口，并且内袋不会有过大的空间。相较于女礼服的口袋，男性礼服的口袋会多一些，但是介于礼服的性质，这些口袋并不会被用来装太多的物品。而秀场上的服装由于其本身穿着的特殊性也并不需要过多考虑口袋的实际用途，更多的是表达设计师的设计理念。

2.简约主义下的服装口袋设计

简约主义便是追求简洁的形制，力求以最简洁明朗的线条衬托出服装简约大气的风格，秉承着"少即是多"的理念，与服装整体的风格相呼应。这类服装口袋往往其貌不扬，甚至很难被发现，但是往往有着独到的设计理念，以细节打动消费者的心，是口袋中简约而不简单的代表。这类口袋不追求复杂和繁复的外形，力求做到最简洁的形制，可能外形和功能都不是最出众的，但是要求一切从简，简单的线条，简单的轮廓，简单的面料构成了简约主义下的口袋造型。其实，有时候往往是最简捷、最纯粹的东西能带给人最纯粹的对于美的感受。

3. 实用主义下的服装口袋设计

实用主义下的服装口袋设计更多的是追求口袋的实用性，如有用才会设立口袋，没用则可以舍去，这是一种实用性高于一切的理念。这类服装口袋不会过多在意口袋的外观形式和材质选择，所以和我们平时日常生活中最常见的口袋，使用率最高的口袋有着非常高的联系。这类口袋设计的初衷在于口袋必须有用处，而不是虚有其表或者是不经常使用。虽然这类口袋往往可能没有出众的外形，在服装中也不会太显眼，但是实际作用比外表更出众。

（二）影响服装口袋设计的其他元素

1. 色彩

服装本身的色彩美学是一个非常微妙而又复杂的学问。在笔者看来，服装色彩作为受众眼中对于服装的第一眼也是最直观的感受，是最为考验设计师功力的一部分，自然就有许多的服装口袋的设计围绕着色彩美学而展开。如果当服装整体色调是无彩色系时，口袋若能加上一些色彩会给服装整体加上一丝活力与生机。而当整体服装色彩比较丰富的时候，口袋则可以选用无彩色的黑白灰进行中和一下，使受众的眼球不会被过于冲击。

2. 材料

和烹饪一样，不同的食材烧出来的菜，自然有着不一样的口感和滋味。同样，作为服装的"地基"，服装的材质和面料的选择，往往会对服装本身有着质的决定。而口袋作为部分用料，大多数时候往往会选择和服装本身整体的相同面料，这是为了服饰本身整体的同一性考虑，其实口袋作为部分来看，由于和整体面料一致，在材质上并不能凸显自己本身的美感，但在同一性上，相同材质面料的选择对于整体来说是和谐而稳定的。如果设计师在设计伊始就决定用比较特殊和显眼的面料来缝制口袋从而达到点缀整体，同时也是服装整体的亮点和吸睛点的时候，这时口袋材质美的体现势必会被放大。

3.图案

图案在服装的设计中有着广泛的应用，有时一个小小图案便可以使服装变得更为精致和灵秀。服装口袋的设计同样如此，无论是在口袋上缝制或烙印图案，还是将口袋按照某些图案设计成相似的形状，都可以为服装增添几分可爱风。并且，在技术产业蓬勃发展的今天，服装图案设计的成本已经大大降低，这也为服装口袋图案的设计提供了技术支持。

第五章　男士上装结构设计

第一节　男士衬衫结构设计

一、男士衬衫种类与常用材料

（一）男士衬衫种类及其特点

男士衬衫的种类依据穿着场合可分为三大类，一类是系领带、与西装配套穿着的正装衬衫；另一类是不系领带、在夏季作为外衣穿着的休闲衬衫；还有一类是专门佩戴领结、配合礼服穿着的礼服衬衫。

1. 正装衬衫

正装衬衫的造型基本恒定，如图 5-1 所示。衬衫领、育克（或称覆司过肩）、装克夫的一片袖构成正装衬衫造型的基本特征。

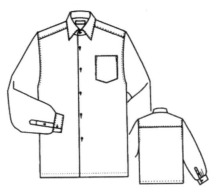

图 5-1　正装衬衫造型

领子因为须配合系领带的需要，已经定型为男衬衫专用的上下领结构立翻领样式；下领的形状、上领与下领后中的高度、上领与下领的形态配合因衬衫的造型和工艺限制几乎是一成不变的；领型的变化被严格限定在上领的领尖部位，只有领尖的长短与角度随流行有变化。

肩部的育克设计是正装衬衫造型的特征，育克的形状基本不变，育克后领圈中点处的宽度与育克过肩线折烫到前衣片上的宽度，随流行有宽窄变化。

门襟有平襟、翻襟与暗襟三种形式，门襟上一般有六粒纽扣，第一与第二粒纽扣之间的距离一般固定在 7.5cm 左右，第一与第二粒纽扣的间距要小于其他纽扣之间的距离。这是为了第一粒扣子敞开时，门襟敞口不致过高或过低，第二至第六粒纽扣随衣长等分。

背部一般有背褶设计，褶位可设在背中或背部两侧，褶裥的形式一般为明褶和暗褶两种，褶裥的位置与形式通常与门襟形式呼应，背中明褶配翻门襟，背中暗褶配暗门襟，背部两侧褶配平门襟。

低袖山一片袖，袖口一般打两个褶，装剑头型大小袖叉，袖口装克夫，克夫有大圆角、小圆角及六角型的流行变化。

侧缝与下摆的造型多为直腰身配合平下摆，也有侧缝收腰配曲下摆的。

正装衬衫又分长袖、短袖两种，长袖的正装衬衫一年四季皆可穿着，短袖只在夏季穿着。

2. 礼服衬衫

礼服衬衫的结构设计要求与正装衬衫基本相同，差异之处首先是领子的外观造型，前折角立领是礼服衬衫的专用领型，前折角有大小之分，与立领相连，沿立领口折烫呈燕尾状；其次是胸部 U 字型剪切，在 U 字型部位有褶裥或波纹布条装饰。此外，礼服衬衫袖口克夫采用可脱卸式的金属或宝石装饰扣。

3. 休闲衬衫

休闲衬衫是除了礼服衬衫与正装衬衫之外的适合在非正式、无特定功能要求场合，依据流行或个人喜好穿着的各种日常衬衣的泛称。休闲衬衫的名称只是一个笼统的概念，它不同于礼服衬衫和正装衬衫有对应的特定样式和规范的着装要求，提出休闲衬衫的名称是为了对衬衫的结构类型进行细分，便于人们对不同类型衬衫结构设计要求的理解。

休闲衬衫的样式随流行变化，在保留了衬衫的基本特征的基础上，经常会融入一些其他服装品种和其他民族服装特有的造型元素。一些其他国家可在正式场合穿着的具有民族特色的衬衫样式，在他国则经常被用于休闲衬衫的变化设计。休闲衬衫的面料选用也随流行变化，各种颜色、各种质地只要符合流行、适合男性衬衫制作都可用作裁制休闲衬衫的面料。正装衬衫的面料多选用薄型、全棉或棉与化纤混纺、素色平纹织物，而休闲衬衫面料的质地要求与正装衬衫面料相近，但其色泽、纹样等方面的选择范围要大得多。因此，休闲衬衫具有多样性与流行性的特点。

休闲衬衫与礼服、正装衬衫的主要区别在于属性不同。礼服、正装衬衫是纯粹的内衣，而休闲衬衫在很大程度上讲是男性夏季的时装外衣。因此正装衬衫的款式、材料与工艺可以是程式化的，而休闲衬衫的款式造型则必须根据流行和个人喜好变化。就结构设计而言，礼物、正装衬衫作为内衣，舒适性优先考虑；而休闲衬衫作为外衣，毫无疑问合体性应该优先考虑。

（二）男士衬衫常用材料

衬衫由于作为内衣贴身穿着，一般选用吸湿透气、柔软轻薄、易洗快干、耐磨性好的面料。薄型纯棉与棉型化纤平纹织物是最为常用的衬衫面料。适合男士衬衫的面料主要有全棉或涤棉混纺平布、府绸、麻纱、色织条格布及真丝或仿真丝的纺类、绉类织物。

1. 平布

平布是采用平纹组织强制，经纱、纬纱粗细和密度相同或相近的织物。具有交织点多，质地坚牢、表面平整、正反面外观效应相同的特点。平布按其经纬纱线粗细的不同，可分为粗平布、中平布、细平布和细纺。用作男士衬衫面料的通常是细平布和细纺。

2. 府绸

府绸是布面呈现由经纱构成的颗粒效应的平纹织物，其径密高于纬密，比例约为 2∶1 或 5∶3。府绸具有轻薄、结构紧密、颗粒清晰、布面光洁、手感滑爽的丝绸感。府绸品种繁多，适用男士衬衫面料的种类主要有全棉精梳线府绸、普梳纱府绸、涤棉府绸、棉维府绸。

3. 麻纱

麻纱是布面呈现宽窄不等直条纹效应的轻薄织物，因手感挺爽如麻而得名。麻纱具有条纹清晰、薄爽透气、穿着舒适的特点。常见的麻纱多为棉或涤棉织物。

4. 纺类

采用平纹组织，表面平整缜密，质地较轻薄的花、素织物，又称纺绸。一般采用不加捻桑蚕丝、人造丝、锦纶丝、涤纶丝等原料织制，也有以长丝为经丝，人造棉、绢纺纱为纬丝交织的产品。有平素生织的电力纺、无光纺、尼龙纺、涤纶纺和富春纺等，也有色织和提花的伞条纺、彩格纺、花富纺等。

5. 绉类

绉织物是通过运用工艺手段和丝纤维材料特性织制的外观呈现皱纹效应

的富有弹性的丝织物。绉织物具有光泽柔和、手感糯爽而富有弹性、抗褶皱性能良好等特点。绉织物的品种很多,适合男衬衫面料的主要是中薄型的双绉、花绉、碧绉等。

二、男士衬衫结构设计的基本要求

因为正装衬衫和礼服衬衫均为内衣属性,其结构设计的原理与要求是一致的,所以在本节的论述中,笔者仅仅从正装衬衫与休闲衬衫两类展开介绍。

(一)正装衬衫结构设计的基本要求

正装衬衫是内衣属性,样式基本固定,除了领型袖口等局部形状随流行有细微变化外,其整体结构及其他部位很少有变化。因此,作为内衣的正装衬衫在进行结构设计时,需在总体上把握以下三点基本要求。

1.整体舒适性

正装衬衫在与西装配合穿着的状态下,衬衫露出外衣的只是领子、袖口克夫与门襟局部,衬衫的下摆必须塞进裤腰内,所有纽扣必须扣齐,还要系领带。衬衫的绝大部分被外衣和裤子所覆盖,所以正装衬衫整体上合不合体并不重要,而穿着舒不舒服则成为评判纸样设计优劣的重要依据。

正装衬衫的结构设计,除了领子和袖口要求是合身的立体造型以外,其余部位都是宽松的平面的造型。所谓平面造型的衣服特点是:折叠平整穿着起皱;立体造型的衣服则相反:穿着平整折叠起皱。尽管正装衬衫是内衣,但其胸围肩宽放松量通常与作为外衣的西装是相等的,正装衬衫的袖肥、胸宽与背宽尺寸配置甚至超过西装,肩线斜度也可比外衣平直,使袖窿纵向也保持一定松量。所有这些都是为了增强衬衫的舒适性与机能性,因为正装衬衫配合穿着的西装,讲究的是合体性,其舒适性与机能性是相对较差的,所以在正装衬衫结构设计时应当以整体舒适性为优先,尽量减少或避免因为衬衫穿着可能引起的动作障碍。

2.局部合体性

正装衬衫按正规的设计与穿着要求,衬衫的领子和袖口应该露出西装的领口和袖口,因衬衫与外衣色彩的明度与面积对比,衬衫的领子与袖口形成视觉中心,加之西装领的敞口设计和领带的衬托,更加凸显衬衫领子的视觉中心地位。在与西装搭配穿着状态下,衬衫整体处于陪衬地位,唯独领子不但不是陪衬反而是主角。因此,在衬衫裁制中,无论是设计、制版,还是缝制、包装,领子都是重点部位。

长期以来，人们购买衬衫都习惯于按领围尺码进行选购，说明消费者对衬衫合体性的关注重点也在领子部位。时至今日，衬衫制造企业为了照顾消费者的习惯，在衬衫的尺码标注上，除了标明号型以外，还无一例外地加注领围规格，这种做法是其他服装制造和消费中所没有的。

鉴于上述原因，我们在设计正装衬衫领子纸样时，不但要注意领子规格的精确性，还必须注意领底弧长与领圈弧长配合的精确性。西装等外衣的领圈大小通常可按胸围比例设置。正装衬衫的领圈大小，为了保证领子规格及与领圈配合，我们主张按领围比例配置。除了规格，领子的工艺造型精美也是十分重要的。材料的厚薄、水缩性能、热缩性能等都有可能影响衬衫领子规格与造型，因此，需要认真测试，充分掌握材料特性。

（二）休闲衬衫结构设计的基本要求

休闲衬衫与正装衬衫既有联系又有区别。它们都是衬衣，有相似的结构造型，共同具有衬衫的基本特征。例如，休闲衬衫的衣身大多也采用与正装衬衫相同的四开身设计，领子大都是衬衫领的基本样式，缝制工艺的要求几乎完全一样。但休闲衬衫可作外衣穿着，因此相对讲究合体性，注重衣身的结构平衡。胸围、袖肥的放松量不像正装衬衫那样基本恒定，而必须根据流行款式要求确定，既可以是非常宽松的也可以是非常紧身的，既可以是直身的也可以是收腰的。休闲衬衫的育克可有可无，育克、袖口、口袋、背褶、下摆的形状变化自由，更强调装饰性。就衣片结构而言，休闲衬衫与正装衬衫的最大区别在于领型设计。正装衬衫的领型是配合领带设计的，上领与下领的起翘量差异很大，上领与下领缝合后领口处形成系领带结的空间，因此适合系领带穿着；休闲衬衫的领型变化较多，既有正装衬衫那样的上下领结构，也有立领的、翻领的领型结构，但即便是上下领都起翘，上下领起翘差异不大，上下领缝合后领口处没有系领带结的空间设计，因此不宜系领带穿着。

三、男士衬衫纸样设计

在男士衬衫纸样的设计中，同样分正装衬衫与休闲衬衫两类进行论述。

（一）正装衬衫

1. 产品规格

正装衬衫的产品规格可见表 5-1。

表 5-1　正装衬衫产品规格（170/88A）

单位：cm

部位	衣长	胸围	肩宽	领围	袖长	袖口围
规格	76	108	47.4	39	58.5	25

2.制图要点

（1）由于标准衬衫的立体包装要求后横领取 1.5N/10-0.5cm，前直领深取 2N/10+3cm。

（2）前后片袖窿各取 0.7cm 的袖窿省。

（二）休闲衬衫

1.成品规格

休闲衬衫的产品规格可见表 5-2。

表 5-2　休闲衬衫产品规格（170/88A）

单位：cm

部位	衣长	胸围	肩宽	领围	袖长	袖口围
规格	72	102	46	39	25	29.5

2.制图要点

（1）由于休闲衬衫的结构较合体，前胸围取 B/4-1cm，后胸围取 8/4+1cm。

（2）前片取 1cm 的前胸省，后片取 2cm 的后胸省。

（3）后片袖窿取 0.7cm 的袖窿省。

第二节　男士西服结构设计

一、男士西服的种类及常用材料

（一）男士西服的种类

1.按功能分类

（1）正装西服

正装西服的整体结构采用三件套的基本形式，款式风格趋向礼服，较严谨，颜色多用深色，其色调稳重含蓄。面料采用高支的毛织物，纽扣多用高品质牛角或人工合成材料，制作工艺要求较高。因为正装作为工作和社交活动穿着的服饰，所以要体现沉稳、干练、自信的风格特点。

（2）休闲西服

休闲西服的整体结构形式丰富多样，除保持正装西服的一般特点外，常常借用其他服饰的设计元素，重视着装者个性表现，追求造型上便于穿用和运动的机能性。颜色强调轻快、自由的气氛，面料采用大格子花呢、粗花呢、灯芯绒以及棉麻织物等。常采用明贴兜、缉明线等非正统西服的工艺手段。

2.按扣子的数量分

按扣子的数量分类，西服可分为一粒扣、两粒扣、三粒扣、四粒扣西服。

（1）一粒扣西服

一粒扣西服其纽扣与上衣袋口处于同一水平线上，这种款式源于美国的绅士服，最初在庆典、宴会等庄重场合穿，20世纪70年代较为流行，如今不多见。

（2）两粒扣西服

两粒扣西服分单排两粒扣西服和双排两粒扣西服。单排两粒扣西服最为经典，穿着普遍，成为男士西装的基本式样，并从纽扣位置的高低和驳领开头的变化而展现不同风格。双排两粒扣西服多为戗驳领，下摆方正，衣身较长，具有严谨、庄重的特点。

（3）三粒扣西服

三粒扣西服的特点是：穿时只扣中间一粒扣或上两粒扣，风格庄重、优雅。

（4）四粒扣西装

四粒扣西服的特点是：穿时只扣中间两粒扣或上三粒扣，风格庄重、优雅。

3.按外廓型分类

外廓型主要通过从背面观察西服的肩宽、胸围、腰围及摆围（臀围）四位一体的造型关系。无论流行的风格如何变化，西服的廓型均可以归纳在H型、X型、T型几种基本的廓型之内。在进行结构设计时，要细心体会，把握好造型，从而准确定出服装关键部位的制版尺寸。

（1）H型

在西服中H型是指直身型，即箱型又称自然型。合体的方形肩配合适当地收腰和略大于胸围的下摆，形成了长方形的外轮廓，造型上较方正合体，较好地表现了男性的体型特征和阳刚之美。

（2）X型

X型指有明显收腰的合体型西服，最初流行于20世纪六七十年代，表现为肩部采用凹形肩或肩端微翘起的翘肩，配合明显的收腰，腰线比实际腰位提高并收紧，下摆略夸张地向外翘出，形成上宽、中紧缩、下放开的有明显造型特色的"X"造型，具有较强的怀古韵味。

（3）T型

T型西服强调肩宽、背宽而在臀部和衣摆的余量收到最小限度，腰节线与X型相反，呈明显的降低状态。通常肩部的造型有平肩型、翘肩型、圆肩型，在整体造型中使肩、腰、摆三位要构成一体，否则会出现不协调的感觉。

（二）男士西服的常用面料

男士西服的常用面料主要有纯羊毛精纺面料、纯羊毛粗纺面料、羊毛与涤纶混纺面料、羊毛与粘胶或棉混纺面料、涤纶与粘胶混纺面料、纯化纤仿毛面料等几种。

1.纯羊毛精纺面料

100%羊毛，大多质地较薄，呢面光滑，纹路清晰。光泽自然柔和，有漂光。身骨挺括，手感柔软而弹性丰富。紧握呢料后松开，基本无皱折，即使有轻微折痕也可在很短时间内消失。属于西服面料中的上等面料，通常用于春夏季西服。

2.纯羊毛粗纺面料

100%羊毛，大多质地厚实，呢面丰满，色光柔和而漂光足。呢面和绒面类不露纹底，纹面类织纹清晰而丰富。手感温和，挺括而富有弹性。属于西服面料中的上等面料，通常用于秋冬季西服。

3.羊毛与涤纶混纺面料

羊毛与涤纶混纺面料在阳光下表面有闪光点，缺乏纯羊毛面料的柔和感。毛涤面料挺括但有板硬感，并随涤纶含量的增加而明显突出。弹性较纯毛面料要好，但手感不及纯毛和毛腈混纺面料。紧握呢料后松开，几乎无折痕。属于比较常见的中档西服面料。

4.羊毛与粘胶或棉混纺面料

羊毛与粘胶或棉混纺面料光泽较暗淡。精纺类手感较疲软，粗纺类则手感松散。这类面料的弹性和挺括感不及纯羊毛和毛涤、毛腈混纺面料。但是价格比较低廉，维护简单，穿着也比较舒适。属于比较常见的中档西服面料。

5.涤纶与粘胶混纺面料

涤纶与粘胶混纺面料质地较薄，表面光滑有质感，易成形不易皱，轻便，维护简单。缺点是保暖性差，属于纯化纤面料，适用于春夏季西服。在一些时尚品牌为年轻人设计西服时常用，属于中档西服面料。

6.纯化纤仿毛面料

纯化纤仿毛面料是传统以粘胶、人造毛纤维为原料的仿毛面料，光泽暗淡，手感疲软，缺乏挺括感。由于弹性较差，极易出现皱褶，且不易消退。从面料中抽出的纱线湿水后的强度比干态时有明显下降，这是鉴别粘胶类面料的有效方法。此外，这类仿毛面料浸湿后发硬变厚。属于西服面料中的低档产品。

一般情况下，西服面料中羊毛的含量越高，代表面料的档次越高，纯羊毛的面料当然是最佳选择。但是近年来，随着化纤技术的不断进步和发展，纯羊毛的面料在一些领域也暴露出它的不足，如笨重，容易起球，不耐磨损等。此外，西服的品质除了与面料的选择有关外，还与选用的辅料和覆衬工艺有密切的关系。而随着科学技术的进步和新型纺织材料的开发，现代西服制作所用的面料和辅料与以往相比也有很多变化，这使得西服的风格更加多样化，西服的品质也得到了进一步的提高。

二、男士西服结构设计

在本小节中，主要从正装西服与休闲西服两类展开论述。

（一）正装西服

1.成品规格

正装西服的成品规格见表5-3。

表5-3　正装西服成品规格（170/88A）

单位：cm

部位	前衣长	胸围	肩宽	后衣长	袖长	袖口
规格	76	108	47.2	74.3	59.7	14.3

2.制图要点

（1）此款设计是三开身 X 形合体结构，省道主要集中在侧腰及背中。侧腰一般取 4～5 cm，背中取 2～2.5cm。

（2）口袋处设置 0.5～0.7cm 的腹省（肚省）。

（3）后中衩位长 22～24cm。

（二）休闲西服

1. 成品规格

休闲西服的产品规格见表 5-4。

表 5-4　休闲西服产品规格（107/88A）

单位：cm

部位	前衣长	胸围	肩宽	后衣长	袖长	袖口
规格	68.5	106	44.8	66.5	60	14

2. 制图要点

（1）此款设计是三开身 H 型较合体结构，省道主要集中在侧腰，侧腰一般取 5～6 cm，由于背中缉明线的工艺要求，背中省道取 1～1.5cm。

（2）由于下摆斜袋的工艺要求，袋口不做腹省（肚省），只做菱形省处理。

第三节　男士夹克结构设计

一、夹克概述

（一）夹克的起源与发展

夹克衫是我们现代生活中最常见的一种服装，由于它造型轻便、活泼、富有朝气，为广大青少年男女所喜爱。夹克在英文里被称为 Blouson，是从 Blouser 演变来的词语，是把罩衫或上衣的下摆用腰带或松紧带扎紧，使四周产生膨胀感的衣服。长度有的是在腰围线，也有的是在臀围附近。同英语的 Jumper 意思相同，原本 Jumper 是实用的工作服，被时装化以后，变成了潇洒的日常服。其款式、色彩、图案和面料多种多样，也使男士们的衣橱丰富起来。

夹克衫，是从中世纪男子穿用的叫 Jack 的粗布制成的短上衣演变而来的。15 世纪的 Jack 有鼓出来的袖子，但这种袖子是一种装饰，胳膊不穿过去，夯拉在衣服上。到 16 世纪，男子的下衣裙比 Jack 长，用带子扎起来，在身体周围形成衣褶。19 世纪末法国大革命时期，革命党人通过革命，废止了过去的"衣服强制法"，严重冲击了宫廷贵族那种奢靡烦琐的服饰，并将革命党人自己的装束——"夹克"推上了历史舞台，象征男性服装民主化，象征自由、平等、博爱的精神。进入 20 世纪后，男子夹克衫从胃部往下的扣子是打开的，袖口有装饰扣，下摆的衣褶到臀上部用扣子固定着。

纵观世界时装的发展史，在较长时间内，男性服装表现得较为标准化、程式化。在正式的社交场合多是西服、礼服等套装，而男性服装作为世界服装发展的一个重要组成部分，对世界服装发展以及男性着装观念的形成起着积极的作用，也越来越多样化和个性化。从总统、将军，到普通官员、知识分子，再到工商业界、工人、农民，一件好的夹克，都可成为他们最惬意的选择。

夹克衫自形成以来，款式演变可以说是千姿百态的，不同的时代，不同的政治、经济环境，不同的场合、人物、年龄、职业等，对夹克衫的造型都有很大影响。在世界服装史上，夹克衫发展到现在，已形成了一个非常庞大的家族。在现代生活中，夹克衫轻便舒适的特点，决定了它的生命力。随着现代科学技术的飞速发展，人们物质生活的不断提高，服装面料的日新月异，夹克衫必将同其他类型的服装款式一样，以更加新颖的姿态活跃在世界各民族的服饰生活中。

（二）男夹克种类与常用材料

夹克造型的最大特点是"方"。通常夹克衫是短装设计，衣长的尺寸配置较短，胸围的放松量较大，肩部夸张，多为挂肩造型；胸背宽裕，袖肥宽大，袖长加长，因此形成短装长袖的成衣效果。夹克衫的这种方正的形态几乎已成定式，很难改变这种已为人们所接受的造型风格。若将夹克的放松量改小，衣长超过臀围，看上去会非常别扭，这是我们在配置夹克规格、处理夹克衣片结构时所应注意的。男夹克品类多样，大致可分为经典型与时尚新潮型。

经典型夹克款式通常在材料与装饰上较传统、保守，在造型结构中衣身相对较长，其衣身长及臀围线附近，裁制相对合体，款式结构简练，装饰较少。材料与色彩的选择通常也是大众化的。因此，在胸围放松度设计上通常控制在净胸围加 25 ～ 30cm。其他部分的结构设计更注重服装机能性。

时尚新潮型夹克款式造型豪放、潇洒、舒适、宽松，在材料与色彩的选择上通常是紧跟流行，衣身中短精干，衣长相对较短（通常在腰线下 15 ～ 20cm），胸围放松度较大，通常控制在净胸围加 30 ～ 40cm，其他部分的结构设计更注重服装装饰的流行性。

根据夹克的特点，我们在结构设计中要注意各部位的配置与服装的视觉审美关系。袖子的长度处理通常要比普通的男西装袖长长 2 ～ 3cm，这是由于夹克袖的宽松袖型引起袖线呈弧形变化，袖长就需要相对变长。同时夹克袖的袖克夫设计也需要较长的袖长来满足手臂的运动机能。与这种袖子匹配的袖窿表现为深而窄、袖窿弧线较平缓的尖袖窿形态。

男夹克的材料应用较广泛，有各种组织肌理棉布、灯芯绒及化纤米混纺交织制品。同时，毛制品与皮革等也有较多的应用。考虑材料性能的不同，我们在结构设计中要做不同的处理，如棉制品要考虑它的缩率，毛制品可以利用它的面料变形性能做归拔处理等。另外，像罗口等特殊材料要用不同的裁制方式处理，以达到服装制作的要求。

二、男士夹克结构设计

在本小节，笔者就抽腰夹克和运动夹克两种类型展开论述。

（一）抽腰夹克

1.规格设计

抽腰夹克为宽松型衣身，腰部抽细褶呈 X 状，规格设计参考男子中等体型，即身高（h）为 170cm，净胸围（B*）为 88cm，胸围加放厚度为 8cm。

L=0.4h+10cm=0.4×170cm+10cm=78cm；

WL=0.25h=0.25×170cm=42.5cm；

B=（B*+ 胸围加放厚度）+20cm=（88cm+8cm）+20cm=116cm；

FBL=0.2B+3cm+2cm=0.2×116cm+5cm=28.2cm；

S=0.3B+12.2cm=0.3×116cm+12.2cm=47cm；

N=0.25（B*+ 胸围加放厚度）+19cm=0.25×（88cm+8cm）+19cm=43cm；

SL=0.3h+9.8cm+1.2cm（垫肩）=0.3×170cm+9.8cm+1.2cm（垫肩）=62cm；

CW=0.1（B*+ 胸围加放厚度）+7cm=0.1×（88cm+8cm）+7cm=16cm。

2.结构制图

（1）衣身采用箱形—梯形方法平衡。前衣身浮余量下放 1cm，由于衣身宽松，因此将前衣身浮余量隐藏在袖口处。后衣身的浮余量将在后肩缝放出 0.5cm 内外层松量外，其余的也隐藏在后袖窿处。

（2）设袖山高为 0.4AHL，后袖山斜线为后 AH+ 吃势 –0.6cm，前袖山斜线为前 AH+ 吃势 –0.6cm，作一片圆装直身袖制图。

（二）运动夹克

1.规格设计

此款为较宽松衣身，较宽松袖袖山，规格设计参考男子中等体型，即身高为170cm，净胸围（B*）为88cm，胸围加放厚度为8cm。

L=0.4h+8cm=0.4×170cm+8cm=76cm；

WL=0.25h=42.5cm；

B=（B*+胸围加放厚度）+20cm=88cm+8cm+20cm=116cm；

FBL=0.2B+3cm+3cm=0.2×116cm+3cm+3cm=29.2cm；

S=0.3B+13.6cm=0.3×116cm+13.6cm=48.4cm；

N=0.25（B*+胸围加放厚度）+19cm=0.25×（88cm+8cm）+19=43cm；

SL=0.3h+8.8cm+1.2cm（垫肩）=0.3×170cm+8.8cm+1.2cm（垫肩）=61cm；

CW=0.1（B*+胸围加放厚度）+4cm=0.1×（88cm+8cm）+4cm=13cm。

2.制图要点

（1）衣身结构采用箱型—梯形方法进行平衡，前浮余量下放1cm。由于衣身是较宽松型，因此可将浮余量放在袖口处，在后衣片肩缝处放出0.5cm的内外层松量。

（2）袖山按较宽松型来设计。宽松型风格和一片直身袖，袖山高取0.4AHL，AHL是前、后肩点（SP点）连线的中点至袖窿深线之间距离。取后袖山斜线长＝后AH+吃势﹣0.6cm，取前袖山斜线＝前AH+吃势﹣0.9cm。

第六章　女士上装结构设计

第一节　女士衬衫结构设计

一、女士衬衫的分类、面料及设计要素

（一）女士衬衫的分类

1.按衣长分类

按照衬衫的长度主要有高腰衬衫、齐腰衬衫、正常长度衬衫、中长衬衫、加长衬衫等几种。

（1）高腰衬衫：长度至腰部以上胸部以下。

（2）齐腰衬衫：长度至腰围线以下 5～10cm。

（3）正常长度衬衫：长度至臀围线以下 5～10cm。

（4）中长衬衫：长度至大腿根部附近。

（5）加长式衬衫：长度至膝盖以上 5～10cm。

2.按袖长分类

按照衬衫的袖长分类有无袖衬衫、短袖衬衫、中袖衬衫、中长袖衬衫和长袖衬衫等几种。

（1）无袖衬衫：只有衣身，没有袖子的衬衫，是夏季服装的一大品种。

（2）短袖衬衫：袖子长度在肩部与肘部中间，也是夏季服装的一大品种。

（3）中袖衬衫：袖子长度至肘部附近，多用于夏季服装。

（4）中长袖衬衫：长度至袖肘线以下手腕以上。又可以分为七分袖和九分袖，常用于春秋季服装中。

（5）长袖衬衫：袖子长度至手腕附近，是常用衬衫服装。

（二）女士衬衫面料的选择

能做衬衫的面料有很多，可根据不同季节的要求来挑选合适的面料。

1. 夏季穿的衬衫面料

棉布中的平布、府绸、麻纱、细纺布细薄平整，吸湿性好；泡泡纱、凹凸轧纹布、绉布质地细薄凉爽、吸汗不粘身。化纤织物有涤棉细布、涤棉府绸、涤棉麻纱、涤纶仿真丝料，质地轻薄挺爽，易洗快干。丝绸中的真丝双绉、乔其、碧绉、缎条绉，质地轻柔，坚韧耐穿，凉爽舒适。麻织物的麻布及棉麻混纺织物，具有透气、凉爽舒适、吸汗不粘身、防霉性好等优点。都可用作夏季衬衫面料。

2. 春秋季穿的衬衫面料

棉布有花平布、提花布、色织女线呢、条格布、罗缎、杂色和印花直横贡缎；化纤织物有薄型中长花布、薄型针织涤纶面料；丝绸的真丝冠乐绉、重磅真丝料、双宫绸、真丝呢等，这些布料坚实耐穿，价格适中，经济实用。但化纤料的透气吸湿性不是很理想，这是此类面料不能大量用作春秋衬衫面料的主要原因。

（三）女士衬衫的设计要素

1. 廓形

衬衣的设计首先应从廓形开始考虑。外部廓形是服装款式的重要组成部分，决定了服装的大体造型，并由此来决定这件衬衣大身的肥瘦，有无领子和袖子及其高低长短，以及下摆的造型等款式特征。

廓形的设计首先需要明白的是该衬衣与人体的关系。例如，是合体型的，还是宽松型的，或是介于其中，这同时决定了身型和袖型特征。其次，要具体表现出衬衣大身的造型，有大小 X 型（收腰型）、H 型（直筒型）、A 型（喇叭型）、O 型（上下收口型）等。同时还要确定衣身的长短。最后，是下摆造型。主要有平摆和圆摆两种，也有前圆后平的和前平后圆的细微差别；还有前后长度落差之分的，如前长后短、前短后长和前后平齐的。

2. 领子

领子部位是整件衬衣中最重要的部件，起到提纲挈领的作用，所以在设计中需要重点考虑。领子的基本款式主要有无领、装领两种设计类型，加之灵活组合的设计手法，则可变化出无穷多样的领子样式。

3. 门襟

门襟与领口和领子往往是一脉相承。门襟根据其所在的位置可分为前开门襟和后开门襟两种，又可根据在前后的比例分为对称式门襟（中式开门襟）和不对称式门襟（偏襟）两种。偏襟的设计相对比较灵活，极端的样式可有肩缝门襟和侧缝门襟等样式（套头式衬衣的两种样式）。再根据是否闭合的关系分为闭合式门襟、局部闭合式门襟和敞开式门襟三种。

4. 袖子

袖子作为服装的一个部件，也可以在廓形中直接体现，可以在廓形设计的时候就确定下来。常用的衬衣袖型可从两个角度来分析，一是依据长短，有无袖、半袖、中袖等；二是根据造型，有泡泡袖、羊腿袖、灯笼袖等。袖子按由上而下的顺序，分为袖山、袖身和袖口三大部分。袖山又有装袖、连身袖和插肩袖三种类型。一般情况下，袖身类型与衣身廓形的类型是一致的。袖口也可分为有袖克夫和无袖克夫两种。

5. 口袋

口袋在衬衣的设计中是以装饰性为主，功能性为辅的服装部件。一般来说，实用衬衣的口袋可有可无，如果有的话多位于左前胸部的一个或两个于两边对称排列。衬衣口袋的结构和外套上的基本一致，都由袋身、袋盖或贴袋等部分组成，也可按外观分为明口袋和暗口袋两种。

6. 分割线

所谓分割线是指对衣片进行分割再缝合后产生的线条，有的具有功能性作用，如袖子与大身的分割形成的袖窿弧线等；有的仅起到装饰外观的效果，如腰节处的横向分割线等。一般衬衣上的分割线分为两种，一是体现功能性的分割线，主要有肩育克、袖克夫和公主线等；二是用于装饰性的分割线，其分割方法一般没有规律可循。

7. 省道与褶裥

省道与褶裥都是由于功能作用而产生的结构，起到令衣片按照人体的起伏而有高低不同感觉的作用，常用到的省道有胸省、腰省、领省等。同时省道和褶裥也能够成为装饰服装的设计点，不同位置和大小的省道与褶裥将会产生截然不同的视觉效果。

二、女士衬衫基本款结构设计

在本小节，笔者以常见的基本款为例，围绕女士衬衫的结构设计展开论述。

（一）款式特点

如图 6-1 所示的女士衬衫在日常生活中随处可见，基本特征是衣身呈现 H 型轮廓。为体现半宽松的着装状态，前片设计了一个腋下省以突出女体的胸部，前后衣身没有腰省；衣身长度适中，底摆为平摆，在人体臀围线稍下的位置；领子是翻领，有一定的领座高度；袖子为长袖，袖口设计了袖克夫；门襟是简单的单门襟。这款女士衬衫作为基本款式，无论在胸围放松量、衣长，还是局部的结构特点上都是比较标准的，基本不受流行时尚的影响，可以与裙子、裤子、套装等组合，适合于各种场合的穿着。而在面料的选择上，倾向轻薄、柔软的天然纤维织物，也可选用一些与棉、丝绸有类似风格的化纤织物。

图 6-1　基本款女士衬衫造型

（二）规格设计

基本款女士衬衫的规格设计见表 6-1。

表 6-1　基本款女士衬衫规格设计表（160/84A）

单位：cm

部位	后中长	胸围	腰围	袖长
净体尺寸	38	84	66	
加放尺寸	21	14	26	
产品尺寸	59	98	92	55

（三）结构设计

1. 衣身

各部位具体设计情况如下所述。

（1）胸围放松量

基本款女士衬衫各个部位的设计与原型的结构接近。胸围的放松量采用在原型的基础上追加 4cm，松量一般分配在前后侧缝上，两者取值可以相等。

胸围一周的松量 14cm 左右，属于半宽松的状态。如果追求更高的合体度，也可以将胸围放松量减少到 8 ～ 12cm。如果减少胸围放松量，最好在衣片上加入前后腰省，以平衡衣身。若选用弹性面料，则可取更小的胸围放松量，为 4 ～ 6cm。

（2）后中长

衣长在后片的原型上追加 21cm，前片也追加 21cm，这样底摆大约会处在人体臀围附近。

（3）前后领口线

原型的前后领口线是通过人体的后预点、侧颈点、前颈点的一条圆顺的弧线。基本款衬衫设计了一个翻领，在原型上开大领口，前后侧颈点各开大 0.5cm，前颈点下降 1.5cm。

（4）前后肩线

前后肩线与基本样板的肩线一致，后肩线保留肩胛省，如果不设计肩胛省，则将省道的量直接在后肩点减掉，使前后肩线平衡。

（5）前后袖窿弧线

前后袖窿底点下降 1cm，这个下降量的大小可以自行设计，但为了与胸围平衡，建议下降的量与后胸围线处加放的量接近。

（6）前后侧缝线

前后侧缝收腰 1 ～ 1.5cm，一般在衣片的侧缝位置收腰量宜少一些，否则衣摆外翘，整体的均衡感不佳。前片取腋下省 2 ～ 2.5cm，根据侧缝线必须相等的原则，前片侧缝长度后侧缝长度加 2 ～ 2.5cm。前片的腰节对位点自然需要提高。测量腰节线下后侧缝线的长度，与前侧缝长度相等，则可决定前衣片底摆的起翘量。画腋下省，省尖距离 BP 点 5cm。

（7）贴边

贴边可大可小，小些省料，但太小会让人感觉档次较低。这里与前门襟止口线平行取 6cm。

2. 衣袖

各部位具体设计情况如下所述。

（1）袖山高

袖山高按照公式 AH/4+2.5cm 计算，这是衬衫类袖子常见的计算公式。如果希望设计一个较为宽松的袖片，则可以使袖山高更低一些。

（2）袖肥

在袖山高事先确定的情况下，前袖肥依前 AH 截取，后袖肥依后 AH+1cm

来截取。通过这个数值得到的袖山线长度大约比袖窿的长度长 2.5 ～ 3cm，此量是缝制袖子时的吃势。制图时可以通过调整截取前后袖肥的袖山斜线的长短来控制袖子吃势。前袖吃势太多，就减短前袖山斜线，太少就加长前袖山斜线。当然，如果后袖吃势太少就加长后袖山斜线。总之，用来截取袖肥的前后袖山斜线的计算公式不是一成不变的，可以按照款式、造型的要求以及面料的性能加以灵活地调整。

（3）袖口线

为了获得左右平衡的袖缝线，先找出袖肥的中线，然后在此中线的两侧各取袖口尺寸的一半，这个款式的袖口大小取 26cm。由于袖口是打两个褶裥，袖口线可以是直线也可以是弧线，如果女衬衫的袖口是打碎褶，则宜取曲线形式。

（4）袖长

衬衫袖的长度在基本袖长的基础上加上 2cm 的松量，它可以为曲臂运动提供必要的松量。

第二节　女士夹克结构设计

一、女士夹克的分类及面料选择

（一）女士夹克的分类

女士夹克衫类型多样，且各具特色，一般以廓型、胸围放松量的大小等进行分类。当然，无论何种款式的夹克衫，其外形轮廓都要适当的夸张肩部，以呈现出上宽下窄的"T"字形，从而给人以潇洒、修长的美感。

1.按廓型分类

（1）宽松蝙蝠夹克衫：其袖口和底摆为紧身型，或是用松紧毛线织罗口配边，突出宽松的衣身，实现特有的蝙蝠外形。有些在身、袖之间还有明、暗裥褶和各种装饰配件，以突出其时装化。该服装如果配穿多袋牛仔裙或紧身裙，显得自由洒脱，能突出女性的体形美。

（2）倒梯形夹克衫：通常指衣长在腰节线附近的夹克。由于肩部比腰部宽，使其衣身外形构成倒梯形状。这是适合年轻女性在夏秋季穿的较时尚的款式。

（3）方形夹克衫：指衣长在臀围线附近的夹克衫。衣身造型比例似正方形，这也是夹克衫的基本造型，多用于春秋季节。

2.按胸围放松量分类

（1）普通型：胸围放松量为 20～30cm，这是夹克衫中最常用的尺寸。

（2）宽松型：胸围放松量为 30cm 以上，结构平面、简洁。

（3）合体型：胸围放松量为 10～20cm，结构上有一定立体感，分割线条较多，通常会采用公主线、省道等来达到合体的效果。

（二）女士夹克的面料选择

1.根据季节不同进行面料选择

便装夹克衫所用面料根据季节的不同而不同，主要以天然环保面料为主，以舒适和天然为特点。

春夏季夹克衫常用面料有纯棉细平布、府绸、纯麻细纺、夏布、绢丝、真丝、丝光羊毛、天丝、竹纤维织物、涤纶仿丝绸、锦纶塔夫绸、涤棉混纺织物等。

秋冬季夹克常用面料有卡其、牛仔布、棉平绒、灯芯绒、华达呢、哔叽、花呢、法兰绒、涤毛混纺呢等。

2.根据穿着目的进行面料选择

选择工作服夹克衫面料要注意其功能性，对于高温环境作业和室外热辐射环境作业应选择热防护类织物，如热防护金属镀膜布是将金属镀在化纤或真丝布上，经过涂覆保护层整理后，既轻便柔软，又感不到热，也不会灼伤。对于消防、炼钢、电焊等行业应选择耐热阻燃防护材料，如采用碳素纤维和凯夫拉纤维混纺制成的防护夹克衫，人们穿着后能短时间进入火焰，对人体有充分的保护作用，并有一定的防化学药品性。对于石油、化工、电子、煤矿等导电行业应选择抗静电织物，如抗静电绸是采用导电纤维和化纤原料，以先进的科技工艺加工而成。

二、女士夹克基本款结构设计

女士夹克的款式变化较多，笔者以常见的基本款为例，对其结构设计展开论述。

（一）款式特点

图 6-2 是一款经典型短夹克的款式图，由图可知，其为宽松直身造型，结构趋于平面化，两个贴袋既有实用性，也具有一定的装饰性，底摆与袖口装罗口，起到收口的作用，袖子为插肩袖，具有较好的活动舒适性。领子是连帽设计，既

有装饰作用，也有挡风御寒的作用。而在面料上的选择，适宜选用灯芯绒、斜纹布、绒布等纯棉织物或毛涤混纺、粘涤混纺等具有较好柔软度的织物制作。

图 6-2　女士夹克基本款款式图

（二）规格设计

女士夹克基本款的规格设计见表 6-2。

表 6-2　女士夹克基本款成品规格（160/84A）

单位：cm

部位	后中长	胸围	肩宽	袖长	袖口
净体尺寸	38	84	38		
加放尺寸	17	24	2		
成品尺寸	55	108	40	56	18

（三）结构设计

各部位设计情况如下所述。

1. 前后领口

因在领口装帽子，侧颈点可根据款式开大，其开大量通常为 1～3cm，基本款取 1.5cm。为保持后直开领的量基本不变，后颈点开落 0.5cm，用圆顺的线条画出后领口弧线。前片侧颈点同样开大 1.5cm，前颈点开大 5cm，用圆顺的线条连接。

2. 前后肩线

因为基本款不放垫肩或放入一对薄垫肩，所以肩端点不需要提高。肩宽的大小可根据款式特征而定，后肩宽取肩宽 12+0.5cm（归缩量），从后颈点向后肩线量出，前小肩宽 = 后小肩宽 -0.5cm。

3. 前后袖窿弧线

在后侧缝线上，距原型开落 4cm，用圆顺的弧线连接。夹克的袖窿开落量比较自由，一般可根据胸围的放松量而定。胸围的放松量越大，袖隆开落量也越大；反之，胸围的放松量越小，袖窿开落量也越小。前侧缝线上底摆处起翘1cm，其余的前后侧缝长度之差在前袖口处开落，使前后侧缝线长度相等。

4. 底摆

夹克的底摆可以与胸围相同或略加收小，收小量通常为 1 ～ 4cm。由于基本款为直身，所有底摆垂直而下，没有收小。

5. 罗口

夹克的罗口可直接用针织罗口，也可在两层大身面料中间夹入松紧带，然后在其外用线迹固定。罗口宽度有宽有窄，通常为 3 ～ 5cm。罗口的长度前后各收去 7cm，在衣片底摆中抽细褶。

6. 口袋

夹克口袋的形状、大小、位置可根据款式的需要进行变化。基本款距前中线为 10cm，距腰节线上 7cm，口袋形状与大小变化相对自由。

7. 前后插肩弧线

后插肩弧线是从离开后侧颈点 2.5cm 处开始，沿离原型袖窿弧线 1.5cm 至袖窿底点，用圆顺的弧线连接。前插肩弧线是从离开前侧颈点 5cm 处开始，沿离原型袖窿弧线 1cm 至袖窿底点，用圆顺的弧线连接。

8. 前后袖中线

插肩袖的袖中线的倾斜程度可根据款式的合体程度决定。基本款取中等程度的斜度 45°，即前袖中线通过由水平线与垂直线 10cm 组成的三角形斜边的中点，而后袖中线通过由水平线与垂直线 10cm 组成的三角形斜边的中点抬高 1cm，这是考虑了人体后肩比前肩平的缘故。在前后袖中线上取袖长 +1cm，这是因为袖子抽细褶收口，袖子要往上收缩，在袖口处泡出。为了在肩端点有一定的圆势且圆顺过渡，前后肩端点各水平加出 1cm 后作袖中线。

9. 袖山高

从后衣片袖窿底点向袖中线作垂线，得垂足 a 点，然后将 a 点抬高 4cm（该值可根据袖子的肥瘦确定，袖子肥大，其值增加；反之则相反），这样就得到了袖山高 C。

10. 前后袖口尺寸

袖口取前后差 0.5cm，即后罗口尺寸为袖口 1/2+0.5cm，前罗口尺寸为袖口 1/2-0.5cm。衣片袖口尺寸放大罗口尺寸的 1/3 作为袖口抽褶量。

11. 帽子

从侧颈点向下 1.5cm 画水平线，然后从领口弧线向水平线画弧线与水平线相交，并使两弧线的长度相等，确定帽子的侧颈点 b。从侧颈点 b 水平量取后领口弧线长度，再向外取 2cm，确定帽子的宽度。帽子的长度取 26cm，对于短夹克的帽子长度不宜取得太大，以使帽子与衣身的长度协调。

第三节　女士大衣结构设计

一、女士大衣概述

（一）女士大衣的分类

1. 按廓形分类

一般大衣的外廓造型有四种类型：

（1）H 型：大衣的衣身外廓形中胸、腰、臀的维度尺寸差别不大，呈由直线构成的箱型。

（2）A 型：大衣的上部略微紧身，下摆特别宽松，形似帐篷，整体外形呈字母 A 形。

（3）X 型：外形纤细苗条，胸、腰、臀之间维度差值较大，凸显女性的胸、腰、臀曲线之美，这种大衣常采用纵向分割（公主线分割）。

（4）T 型：外形为宽肩松身，下摆略收的大衣，风格偏男性化，洒脱大方。

2. 按长度分类

（1）短大衣：长度在臀部以下，大腿附近的大衣。一般是比标准裙长短的大衣的总称。

（2）中长大衣：长度在膝盖附近，长度在膝关节的一般被认为是标准长度。

（3）长大衣：一般是遮住裙子的标准长大衣。根据时装的不同倾向，还有与脚面相齐的全长型大衣。

3. 按面料分类

（1）裘皮大衣：用狐皮、貂皮、羊皮等动物毛皮制作的大衣。皮革大衣是用羊皮、牛皮等皮革制作的大衣。有时也采用裘皮与皮革镶拼来制作。

（2）针织大衣：用羊毛、马海毛等绒线编织的便装大衣。

（3）羊绒大衣：用羊绒呢制作的大衣。优点是保暖性强、手感柔软、色泽纯正，多用于冬装大衣。

（二）女士大衣面料、辅料选择

1.面料的选择

（1）春秋大衣的面料

女士春秋大衣代表性面料有法兰绒、钢花呢、海力斯、花式大衣呢等传统的粗纺花呢，也有如灯心绒、麂皮绒等表面起毛、有一定温暖感的面料。此外，还大量使用化纤、棉、麻或其他混纺织物，使服装易洗涤保管或具防皱保形的功能。

（2）冬季大衣的面料

女士冬季大衣面料通常以羊毛、羊绒等蓬松、柔软且保暖性较强的天然纤维为原料，由开始的粗格呢、马海毛、磨砂呢、麦尔登呢发展到后来的羊绒、驼绒、卷绒等高级毛料。代表性的冬季大衣一般采用如各类大衣呢、麦尔登呢、双面呢等厚重类面料和羊羔皮、长毛绒等表面起毛、手感温暖的蓬松类面料。

2.辅料的选择

女士大衣辅料主要包括服装里料、服装衬料、服装垫料等。选配时需考虑各种服装面料的缩水率、色泽、厚薄、牢度、耐热、价格等和辅料相配合。

（1）里料的选择

春秋大衣和冬季大衣一般选择醋酯、黏胶类交织里料，如闪色里子绸等。

（2）衬料的选择

衬料的选用可以更好地烘托出服装的形，根据不同的款式可以通过衬料增加面料的硬挺度，防止服装衣片出现拉长、下垂等变形现象。由于女大衣面料较厚重，所以相应采用厚衬料；如果是起绒面料或经防油、防水整理的面料，由于对热和压力敏感，应采用非热熔衬。

（3）垫肩的选择

垫肩是大衣造型的重要辅料，对于塑造衣身造型有着重要的作用。一般的装袖女大衣采用针刺棉垫肩。普通针刺棉垫肩因价格适中而得到了广泛应用，而纯棉针刺绗缝垫肩属较高档次的肩垫。插肩女士大衣和风衣主要采用定型垫肩，此类垫肩富有弹性并易于造型，具有较好的耐洗性能。

（三）影响女士大衣审美的因素

1.视觉因素

设计会因各视觉元素之间采用不同的组合形式而产生千变万化的形式美

感。它所带来的视觉冲击往往高于其他细节。女士大衣外形美与不美，首先取决于人的视觉快感。一方面，运用简单重复组合，可以形成规则有序的不同形态的美。例如，在廓形的设计中，分割组合体现出对比与比例的美感。色彩与面料肌理的搭配常常选用分割的方式形成鲜明的对比与整体的比例美。又如，运用灵活自由的分割手法，将面料进行打散分割再重新拼合后，使之形成特殊的面料肌理效果，丰富了女士大衣廓形整体的艺术欣赏性。另一方面，把视觉元素按大小、方向、虚实、色彩等关系进行渐变组合，可以形成节奏与空间感觉。

2. 面料因素

正如桑塔耶纳曾经说过的，假如雅典娜的神庙帕特农不是大理石筑成，王冠不是黄金制造，星星没有亮光，它们将是平坦无力的东西。[①] 由此可见，某种造型的效果的表现，离不开材料的表面肌理的体现。因此，女士大衣设计要取得良好的效果，必须要重视面料的运用。以女士大衣的廓形而论，面料起着决定性的支撑作用，运用不同质地的面料，会使女士大衣廓形产生不同的审美情感，同时也会变化出不同的女士大衣廓形。例如，选用相对光滑、细软的面料，无论是 H 形还是 A 型，女士大衣的外廓形会因为无法支撑使其变为贴合人体的曲线形，从而凸显女性优美的曲线，表现出女性柔美、优雅的气质。相反挺括、厚实感的面料线条清晰有体量感，能形成丰满的女士大衣外轮廓。

二、女士大衣基本款结构设计

在本小节，以直身式女士大衣为基本款，对其结构设计展开说明和论述。

（一）款式特点

基本款多为较宽松直身式稍收腰型大衣，前后收有腰省，平翻领，前身左右斜插袋。基本款不受时代流行约束，并且可掩盖体型的不足，强调外观平整的造型，深受女士欢迎。在面料的选择上，常以羊毛、羊绒等蓬松、柔软且保暖性较强的天然纤维为原料，也可选用柔软而挺括的毛织物。

（二）规格设计

直身式女士大衣的规格见表6-3。

---

① 赵红梅，黄恩发. 论桑塔耶那自然主义美学 [J]. 湖北大学学报，2000（1）：39～42.

表6-3　直身式女士大衣成品规格（160/84A）

单位：cm

部位	后衣长	胸围	腰围	臀围	肩宽	袖长	袖口宽
净体尺寸	38	84	66	90	38.5	52	
加放尺寸	62	18	20	16	1	6	
成品尺寸	100	102	86	106	39.5	58	15

（三）结构制图

1. 衣身结构

各部位设计情况如下所述。

（1）后背中缝线

后衣长为100cm，为使后衣片更好地贴合人体，后中线上的后颈点与胸围线的1/2处开始，胸围线上水平收进0.5cm，腰节线水平收进1cm，臀围线与底摆水平收进0.5cm，依次连接各点，圆顺修画后背缝线。

（2）前中撇胸与止口线

过胸围线的前中A点逆时针方向旋转，在前颈点转出撇胸量，并连接点A，平行画出前止口线（含面料厚0.5cm，搭门宽/2=2cm）。

（3）领口线、肩线

横开领开大1cm，领侧颈点抬高0.5cm，并延长0.5cm，前领深下落2.5cm，画出前、后领口弧；肩端点抬高1cm，肩宽加宽0.5cm，画出肩线。

（4）胸围尺寸

该款大衣的胸围总放松量为18cm，原型基本松量为12cm，需增加6cm内穿厚。后衣片后背缝收进0.5cm，则后衣片侧胸围增加2.5cm，前衣片侧胸围增加1cm。

（5）袖窿弧线

用圆顺线连接腋下点和肩端点，修画袖窿线。

（6）腰围尺寸

该款大衣的胸围与腰围之差是14cm，前后腰围分别比胸围减少7cm。后侧缝线在腰节处收进1cm，在腰部收省2cm，前侧缝线在腰节处收进1cm，腰部收省2.5cm。

（7）臀围尺寸

该款大衣的臀围与胸围之差是4cm，则臀围线处放出1cm，后下摆放出

3.5cm，前下摆放出 4cm，并圆顺修画前、后侧缝线。

（8）口袋

该款大衣口袋是斜插袋，距前中线 11cm，距前腰节线 7cm，倾斜度为15.5：5，口袋宽为 3.5cm。

（9）纽扣

该款大衣为单排暗门襟 5 粒扣，第一粒扣位置距领口线 3cm，最后一粒扣距臀围线下 3cm，其他纽扣位置等分。

（10）挂面

挂面的作用是加固与支撑门襟、底摆、领子的部位，使止口挺直。挂面宽度取决于面料的厚薄、搭门及工艺要求，大衣的挂面相比衬衫、短外套要稍宽一些。本款大衣的挂面宽距离颈侧点 3cm，距止口线 10cm，用圆顺线连接。

（11）领子

此款大衣的领子属于平翻领，前侧颈点向肩线偏 1.5cm，连接前领深点顺势画前领口弧线并延长，作领后中的垂直线 6.5cm，画出领子外沿线。

2. 衣袖结构

各部位设计情况如下所述。

（1）袖山高

将前后衣片侧缝合并，侧缝向上延长线为袖山线，袖山高 = 前后肩高度差的 1/2 到袖窿深线的 5/6，袖山高点向后身偏 1cm 为 A 点（袖山顶点）。

（2）袖长线

自袖山高点向下量取袖长 58cm，画袖口基线。

（3）袖肥大

从袖山顶点分别量取前 AH 和后 AH+1cm，连接到袖窿深线确定 AB（前袖山斜线）、AC（后袖山斜线）并得前、后袖肥大。

（4）前袖山弧线

AB 与前袖窿弧线交点为 D 点，AD 的中点抬高 2cm 作为凸弧点，D 沿斜线向下 1cm 为 E 交点（袖山弧线与 AB 的交点），以前折线向左右取前偏袖量3cm，并自袖窿深线上抬 25cm，其交叉点为前袖窿凹弧点，圆顺连接点 A、凸弧点、点 E、凹弧点、点 B，完成前袖山线。

（5）后袖山线

依据原型定出袖山线与 AC 的交点 F 点和凹弧点，后偏袖量 1.2cm，圆顺连接点 A、凸弧点、F 点、凹弧点、点 C，完成后袖山线。

（6）袖里缝线、袖口线

前偏袖量为 3cm，前袖肘处凹进 0.5cm，袖口处偏出 0.5cm。取袖口宽 15cm，画出袖口线。

（7）后袖缝线

后偏袖量为 1.2cm，小袖后袖缝线比大袖缝线在袖肘处偏进 1.5cm，顺势连画大小袖的后袖缝。

第四节　女士套装上衣结构设计

一、女士套装概述

（一）女士套装的产生与发展

1.现代女士套装的出现

19 世纪 70 年代出现了早期现代女士套装，这是女性在社会变革的年代里参与社会发展的具体表现。70 年代之前，男性作为社会活动的主要参与者引领整个社会的时代走向，而女性被拘束在家庭生活中。男性在外工作，参与社会活动，女性在家中操持家务是社会认可的贤良淑德的品质。人们生活在一种女性完全附属于男性的意识之中。

19 世纪中后期，女性开始参加到社会劳动中，不再完全地附属男性。女性开始关注个人的思想，开始争取现代社会的认可。缝制服装出现后，女性倾向选择这种服装。而到了 19 世纪后期，女装借鉴简朴化男装中的元素后，产生了现代女士套装的早期样式——诺福克短外套，是史载的第一款女性套装。上装有腰带和褶裥，前襟有双排扣，服装造型轮廓线呈沙漏状，采用立体分片裁剪，是对男性现代套装裁剪的基本结构的应用。这意味着女士套装的整个外形有别于以前时代的女装而获得本质的改变。当然，以往女装的修饰成分也跟着淡化、调整来适应这些变化。这是对男士套装基本组织的继承，也是对现代套装的形式本身所具有的元素的合成。诺福克短外套从前属于猎装，在穿着时有非常方便灵活的特点，因而多在女性骑车或高尔夫运动时所穿。女性佩戴多年的披肩也逐渐被外套和上衣所取代。

诺福克短外套由裁缝制作完成，是缝制服装的典型样式，所以制作成本相对低廉，从一开始就不是贵族的专利，许多热爱运动的女性广泛穿着，从此，现代女性套装踏上了发展之路。

2.现代女士套装的发展

20世纪的前50年是现代女士套装发展中建构与寻求现代风格的探索历程。从历史发展演变来看，这个时期战事的频繁不仅加速了经济的发展和现代工业在全球普及，还促使大量女性走出家门走向社会工作岗位，提升了女性的社会地位，改变了女性服饰审美。现代女士套装的审美性和实用性在此期间被反复提炼，形成了日趋完善的现代女士套装的基本样式，并赋予了女士套装的各种层次不一的精神内涵和象征意义，使女士套装具有更大的包容性。第二次世界大战后至今，女性的社会地位得到了普遍的认可，女性在选择工作场合所穿戴的服饰时不再拘泥于传统的标准，虽然女士套装在一定的时期受到了冷落，但是女士套装的地位仍然不可动摇。同时，设计师受到艺术变革和设计运动的启发，在现代女士套装形式上的探索积极而富有成效，他们开拓和扩展现代女士套装的表现领域，使现代女士套装的发展在这个阶段达到成熟和完善。

（二）女士套装的特性

1.实用性

实用性是套装所具备的主要特征之一。女士套装多用于工作场合，需要适应工作场合的外在需求和现代人们在生理和心理对实用性的要求。生理上对实用性的要求主要体现在套装需要符合人体工学的特征，符合行业要求、动作特点和体形特点方面。有些严肃庄严的工作场合要求套装的舒适度要符合工作需求，在结构上有的要求紧身，有的要求宽松，有的要求面料柔软、挺括，这些都是人们生理上的需求对套装的要求。只有满足了人们对套装的实用性要求，才能够充分发挥套装在对工作中的其他潜在功能。女士套装在心理上对实用性的要求具体体现在套装要与工作环境相协调，根据工作环境和工作氛围的要求，对套装的款式、风格等设计方面有着不同的要求，以满足着装者在心理上对实用性的需求。女士套装特有的社交语言是套装的实用性的表现，如标准的深色西服套装用来表示着装者的重视或者严谨的态度，便利的连衣裙套装搭配柔和的颜色可以用来表达着装者放松的心情。这些女士套装所独有的精神内涵是从男士套装中借鉴并不断发展积累的，符合不同场合对女性着装的不同要求。

2.审美性

审美的追求是人类物质生活丰富、社会发展后的必然，"美"具有极大的吸引力，人们总是在自觉或不自觉地追求美。女士套装需要受到人们的认可和满足人们的需求，自然要符合现代审美的要求。女士套装的审美性只是体现在女士套装的款式和面料上，对女士套装中的装饰性图案的关注并不多。但是装饰性图案，尤其是传统图案是展现民族文化的重要途径，与女士套装的结合可以使着装者焕发别样的魅力。当今社会经济的飞速发展也带来了人们审美文化的快速变化，但是女士套装的最主要客户群体是职业女性，这就要求女士套装在追求美的同时要把握好度，既要有着装者的自身风格又要具有时代感，着装后使穿着者具有健康、大方的形象。

3. 个性特征

不论是着装者自主地选择适合自己的成衣服饰，还是设计师为了特定的着装者而设计的定制服饰，服饰作为着装者的隐形名片都体现了着装者的个性特点。个性虽然是一个人的心理特征，但会通过他的外显行为表现出来，因此个性也会影响到一个人对服装的选择和穿着行为。随着社会文明的发展和女性社会地位的提升，职业女性在工作和社交场合中不再像过去那样需要通过服饰来强调自身的能力以获得更多的认可。因此，不断减少的外在约束和不断丰富的套装样式都为职业女性选择既适合工作和社会环境，又符合自身个性的套装提供了更多可能。

二、女士套装上衣基本款结构设计

女士套装上衣的样式随着套装样式的不断丰富而丰富，在本小节，笔者选取平驳领女西装作为女士套装的基本款，对其结构设计展开说明和论述。

（一）款式特点

图6-3为平驳领女西装的款式图，其胸部采用弧线公主线分割，以突出女性胸、腰、臀三围曲线，正式且不乏时代感，是颇为常见的女士职业套装。在面料的选择上，可采用薄毛呢、华达呢、女式呢、法兰绒等毛织物。

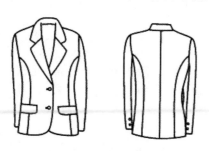

图6-3 平驳领女西装款式图

（二）规格设计

女士套装上衣基本款的规格见表6-4。

表 6-4　女士套装上衣基本款成品规格（160/84A）

单位：cm

部位	衣长	胸围	腰围	臀围	肩宽	袖长	袖口
净体尺寸	38	84	66	88	38		
加放尺寸	25	12	10	8			
成品尺寸	63	96	76	96	38	56	12.5

（三）结构设计

1. 衣身

各部位设计情况如下所述。

（1）后背中缝线

因人体后背呈腰部收进、背部突出的曲线，所以往往取后背中缝的结构形式，使后衣片更好地贴合人体，它是男女西装的固定结构。在后中线上，服装原型的后颈点与胸围线的 1/2 处为臀部最高点，从该点开始往腰节逐渐收进 2cm，而腰节线至底摆间为一垂直而下的直线，这是由于衣长已超过臀围线后，底摆中缝已在臀沟处，故可与腰节一样大小收进，但对于短装，底摆比腰节少收 0.5cm 左右。

（2）前中心劈胸

因人体在前胸部有胸角度，故对于合体的套装需进行劈胸的结构处理。但不是所有的套装都需要，要根据款式与面料而定。一般面料较厚硬、领子是驳领的套装需要作前中心劈胸。其方法为：作通过 HP 点的水平线与前中心线相交，以相交点 A 为基准点逆时针方向旋转，在前颈点处转动 0.5cm，然后画下旋转好的轮廓线。

（3）胸围尺寸

合体套装的胸围放松量一般在 10 ～ 16cm，此款取 12cm。在前半身衣片侧缝中增加 1cm，使前半身衣片尺寸为 B/4+0.5（前后差），后半身衣片尺寸为 B/4-0.5（前后差）。

（4）腰围尺寸

合体套装的腰围放松量一般在 8 ～ 14cm，该款取 10cm。腰围的前后差取 1.5cm，这样可使侧缝的弧度接近相同。

（5）臀围尺寸

合体套装的臀围放松量一般在 4 ～ 8cm，该款取 8cm。将后臀围处超过后胸围大的量加在后片公主线中，也可以根据人体的体型部分放在侧缝或前片公主线中。例如，扁平体体型可取部分放在侧缝，而肚型体型可取部分放在前片公主线中。

（6）前后领口

领颈点可根据面料的厚薄开大，其开大量通常为 0.5 ~ 1cm，该款取 0.5cm，用圆顺的线条画出后领口弧线。前片根据款式延长肩线距开大的侧颈点为 2cm，与驳点连接一直线作为驳领的辅助翻折线。在肩线上距侧颈点为 7cm 处与前颈点下降 1.5cm 连接作为串口线，然后确定驳头的大小为 8cm。

（7）前后公主线分割

前后的纵向分割线又称公主线，是合体套装常见的结构形式，可在公主线分割线中融入省道及放出需要量，使衣片贴合人体的凹凸线。分割线的位置可按款式的不同而左右移动。

（8）纽扣位

该套装为单排两颗扣，第一颗纽扣位置距腰围线上 2cm，它决定了驳点的高低。第二颗和第一颗纽扣相距 9cm。纽扣的位置可根据款式需要进行灵活变化。

（9）口袋

口袋的位置可根据款式的需要进行变化。该款距前中线为 6cm，与第一颗纽扣位相平，口袋大 13cm，起翘 1cm，袋盖宽 5cm。

（10）挂面

在套装中挂面是必不可少的，其作用是加固与支撑门襟底摆、领子的部位，使止口挺直，不外翘。挂面的大小与搭门的大小有关，这里取离侧颈点 3cm，离止口线 6cm。

（11）领子

过前衣片侧颈点作一条与翻折线平行的线条，取其长度为后领口弧线长。过该点作与该线垂直的线条，取尺寸为 3cm，然后与侧颈点连接作为后领口辅助线，取长度为后领口弧线长。最后垂直后领口辅助线作领子后中线，并取领腰 2.5cm，领面宽 3.5cm。

2. 衣袖

各部位设计情况如下所述。

（1）袖山高

按照公式 AH/4+4.5cm 计算，这是女士套装两片西装袖的常用计算公式，比原型袖大 2cm，使袖子变得合体美观，但也可根据款式需要灵活变化。

（2）袖肥

在袖山高确定的情况下，前袖肥依前 AH 截取，后袖肥依后 AH+1cm 来截取，绘制袖山曲线。这样得到的袖山曲线长度大约比袖窿的长度长 3.5cm 左右，此量就是缝制袖子时的吃势。吃势的大小可以通过截取前后袖肥的袖山斜线的长短来调整，前袖如果吃势太多，就减短前袖山斜线；若太少就加长前袖山斜线。后袖也是如此。

（3）画基础袖

过前袖肥中点向下画线与射线垂直并相交，在肘线上向左取 1cm，袖口线上向右取 0.5cm，用圆顺的弧线相连，这是前袖下弧基础线。在袖口处取袖口大 12.5cm（两片女士西装袖袖口大通常为 12 ～ 13cm），再和后袖肥中心相连，和肘线相交一点与后袖肥中心向下作垂线和肘线相交一点平分。然后过后袖肥中心点、平分点、袖口用圆顺的弧线相连，这样就完成了后袖下弧基础线。在后袖下弧基础线上取袖衩长度为 8cm（这是一般女士西装袖衩的长度）。

（4）画前大小袖

在前袖下弧基础线取大小偏袖 3cm，即大袖向外扩大 3cm，并顺势向上与袖窿弧线相交，确定大袖袖窿底点。小袖向内缩小 3cm，并顺势向上画至与大袖袖窿底点相平，确定小袖袖窿最高点。

（5）画后大小袖

在后袖下弧基础线肘线处大小偏袖 1cm，袖山底线处大小偏袖 2cm，大袖向外扩大，并顺势向上与袖窿弧线相交，确定大袖袖窿底点。小袖向内缩小，并顺势向上画至与大袖袖窿底点相平，确定小袖袖窿最高点。

第七章 男士下装结构设计

第一节 男士裤装设计综论

一、裤装概述

（一）裤装的起源与演变

1. 中国裤子的起源及演变

在中国的服装发展历史中，传统服装分为上衣下裳和上下连属两种形式。其发展变化从雏形到成型经历了如下阶段。

（1）裤子的雏形

商周时期，裤子是一种内衣，为一种不加连裆的套裤，穿时两条裤腿套在胫上。

（2）合裆裤的出现

公元前302年，赵武灵王决定进行军事变革，学习骑射用骑兵克敌制胜，首先面临的就是服装的改革，他将传统的套裤改为裤裆与裤管相连的合裆裤，合裆裤的出现不仅能保护大腿和臀部肌肉和皮肤在骑马时少受摩擦，而且不用在裤外加裳就可外出，在服装功能上有了很大的提高。

（3）裤装外穿的高峰期

魏晋南北朝时期，战事不断，政权更改，各族人民四处迁移，出现裤褶并流行，这一时期也是中国古代裤装发展的高峰时期，这是裤装第一次也是唯一的一次作为正式礼服抛头露面。

（4）裤装的平稳发展时期

唐朝是中国封建社会的鼎盛时期，服饰文化受域外文化的影响吸收融合而推陈出新，但裤子作为当时的内衣是男子的服饰，款式变化不大。宋代理学兴盛，按照封建伦理观念，女子是不能将裤子露在外边的，宋代以后裤子一直沿用传统的样式。特别在上层社会，裤子款式并不作为衣着样式。

（5）西式裤装的出现

辛亥革命后，"中山装"出现并流行，中国传统的满裆裤改为西式裤，既方便又实用，受到社会各界人士的欢迎，至此裤子形式与西方的裤子相同，裁剪受到西方的影响，使裤子更为合体与方便。

2.西方裤子的起源及演变

（1）裤子雏形

人类发展史上最早出现完全分开的裤子是在古波斯（公元前550年），其式样与中国的"胫衣"相同，只是一种护腿而已。产生这种服装的原因是精于骑射的波斯人往往居住在崎岖的山区，他们的双腿需要保护。

（2）连筒袜的出现

进入中世纪，男子穿上紧贴腿部的高筒袜，包腿的长筒袜包至臀部，在两腿外侧用扣子和系带把袜子和内衣系结在腰间，外面罩上外衣，看上去像是穿着紧腿裤，这时的长腿袜是两腿管分离开的。

（3）连裆裤的出现

在文艺复兴的15世纪末期，两只裤腿管在下腹连接起来，并在此处形成了小荷包的造型，这种样式形成了连裆裤的雏形。17世纪，下腹部的小荷包完全消失，裤子变得宽松起来，从此时开始一直在宫廷内流行马裤，虽然造型千差万别，但长度一直徘徊在膝盖上下。

（4）西式长裤的出现

18世纪的最后10年，法国的资产阶级大革命对服装的影响非常大，在法国大革命的短暂的高潮时期（1789～1794年），几乎所有的华美服饰都销声匿迹了，平民的服装成为流行式样而受到欢迎，来自劳动阶层的服装只是为了实用而穿着，且裤脚用带子系在鞋底，最终发展为西式长裤。19世纪的欧洲，随着工业革命（1760～1860年）的深入发展，男子忙于事业的发展，男装则固定为几种基本式样，变化甚微，穿着方面趋于程式化、标准化。男裤在配套、裁剪方法、尺寸与穿着场合组合方式等方面都具有具体、细致甚至严格的规定。

（二）男裤的种类与特点

男裤的种类可以从设计功能、造型样式、穿着形态等多种角度加以区分。从功能角度可以分为内裤类、日常外穿裤类、运动裤类；从造型长短角度可以分为长裤与短裤；从宽紧形态角度可以分为紧身型、合体型与宽松型。说到底裤子的种类是由裤子的造型样式特征体现的，不同的裤子种类由于造型不同，其结构设计要求也是不同的，而造型的不同归根结底是因为规格设计的不同，或者说不同的裤子种类其规格设计是不同的。

内裤因为贴身穿着，舒适性是结构设计的首要目标。如果不是弹性材料，成品规格一般都是宽松设计，虽然内裤贴身穿着，而其直裆尺寸与臀围放松量都与外穿裤子相当，甚至更大。运动裤如马裤、高尔夫裤等因为需要满足特定场合、特定运动姿势等穿着要求，因此机能性是结构设计的首要目标。传统马裤款式就是胯部宽松，下腿收紧，裆部和腿部内侧增加防磨层，骑乘时不妨碍动作，膝关节部位采用衣片剪切分割，增强关节部位活动的机能性。

日常外穿男裤的造型主要有锥型（V型）、直筒型（H型）、喇叭型（A型）三种，如图7-1所示。

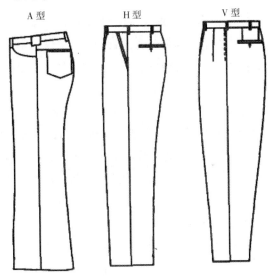

图7-1　日常外穿男裤的造型分类

如果把H型裤作为男裤的基本型的话，那么V型裤是在H型基础上，臀部扩展脚口收缩，中裆线下移，股上加长股下缩短。由于臀部扩展使得腰部的褶量和省量增加，一般V型裤前片左右各做两个褶，后片左右各做两个省。而A型裤则是反其道而行之，其将臀部收紧脚口放宽，中裆线上移，股上缩短股下加长。同样由于臀部收缩，使得腰部的褶量和省量减少。一般A型裤前片无褶，后片左右各做一个省。

日常外穿男裤的廓形变化一般就这三种形状，其变化规律是上宽则下紧、上紧则下宽，形成宽窄对比；上紧下宽中裆线上移，上宽下紧中裆线下移；裤子越是宽松，裤片的内外侧缝线越趋于平直，反之越是紧身合体其内外侧缝线的曲率就越大。这样做是符合形式美学法则的。臀部宽松，脚口也宽松的造型，单就裤子本身造型而言会显臃肿，除非是在配合紧身衣的场合才穿；臀部紧身，脚口也紧身的男裤只有在芭蕾舞等特殊场合才见得到，日常不穿，因为这样的造型不符合人们业已形成的男装审美习惯。

二、男士裤装结构设计方法及设计要素

（一）男士裤装结构设计方法

男士裤装结构设计的方法主要有比例法和原型法两种，在此我们将结合裤装做一个补充性的说明。

1. 比例法

比例法是在服装领域占有重要地位的一种版型设计方法，在中国服装企业中应用非常广泛。比例法作为服装企业的版型设计方法已沿袭多年，至今仍是服装企业版型设计手段之一，已经形成一个完整的体系。进一步来说，比例法具有如下几个特点。

（1）松量设计

依据加放松量后的成衣尺寸绘制服装结构设计图，是我国服装结构设计比例法的一大特色，这有助于设计者对成衣的把握。设计者在绘制结构图之前应该想象得出人衣之间的立体空间关系，因此，提前设计服装主要部位的松量大有必要。

（2）程式化服装制版效率高

对于一些程式化的服装款式，如西裙、西裤、衬衫、西装等，比例法的经验公式非常成熟、准确，设计者可以放心进行参照，直接套用公式，简单正确，大大提高了制版效率。

（3）比例关系具有不确定性

比例法的主要特点是在制版过程中，以成衣主要围度尺寸为基数，按一定的比例推导出其他部位的尺寸。例如，在裤装制版中，以成衣臀围为基数，分别乘以不同的比例，同时加减不同的常数，计算出上裆、前后裆宽等部位的尺寸。

比例法非常注重服装各部位的比例关系，其实这种比例关系归根到底来自人体各部位的比例。但是人体各部位的比例随种族、性别、年龄、体型的不同存在很大差距，不同的款式又加剧了这种差距，因而，在比例分配的过程

中，大部分的部位，尤其是围度部位，其比例带有很大的不确定性。

为了消除这种不确定性对服装结构制图的影响，比例法在将基数乘以相应比例的同时，一般还要加减不同的常数进行协调，形成了大量的经验公式。基数的选择大体相同，上衣一般为胸围，下装一般为臀围，但比例的确定和协调数的选择却是因人而异的。在裤装的版型设计中，前裆宽的计算公式有很多。当然，结构设计不是唯一的，其本身具有一个允许的模糊范围。例如，把一个很到位的后腰缝线略微变斜一点或放平一点，做成裤装后的臀部可能依旧贴服，如果把这后腰缝线继续变斜到一定程度或放平到一定程度后它就可能产生后上裆太长出现多余皱纹，或后上裆过短出现牵扯皱纹等弊病。由此完全可以断定不同的设计者在设计同一款服装时，采用不同的经验比例公式可以达到相似的立体效果。

2.原型法

原型法具有完整理论体系，在版型设计中充分考虑服装与人体的关系，易于处理各种复杂的服装结构。20世纪80年代初期，日本原型法裁剪技术引入我国高校服装专业，后逐步在服装企业得到广泛的普及和应用。具体来说，原型法具有如下特点。

（1）具有方法优势

原型法与比例法本质的区别还是方法的不同。原型是人体三维尺寸的载体，用原型法进行板型设计就好比用人体模型进行立体裁剪，设计者可以随时看到人体与服装的关系，当然这个关系还只是一个平面关系，需要设计者进一步想象成立体关系。利用原型法进行版型设计实际上包括两部分的内容：首先是绘制服装的原型，原型并不能直接用作服装裁片，只是一个服装结构变化的基础图形；其次是在原型的基础上，按具体款式的具体要求，对原型的某些部位加以放缩、修饰处理，进行再造型，从而得到最终的结构图。因为有了原型，设计者的工作不再是从头开始，而是在原型的基础上根据款式进行一些改动，避免了烦琐的计算和枯燥的记忆，大大提高了工作效率，而且设计者的注意力不再局限于人体或服装各部位的比例上，可以尽情地发挥想象，挥洒灵感，在结构上大做文章。

（2）具有完整的省移原理

"省"在服装设计中非常重要，尤其是面对多变的款式时，原型法的省移原理以不变（凸点位置的不变）对万变（省的位置的多变），巧妙地解决了复杂的问题。当然，虽然原型法相对于比例法具有方法上的优势，在上装中应用广泛，但裤子原型与很多款式的裤装在结构上区别不大，因此如果用原型法绘制正装，如西裤、筒裤等，在原型的基础上只作了一些小小的变化，与比例法绘制没有根本的区别。由此可见，当裤装结构上具有很大的变化，很多结构线发生了错位、变形，用比例法直接绘制结构图出现困难时，可以使用原型法进行设计。

（二）男士裤装设计要素

1.流行

流行是一个多元化的概念，它不仅指服装，还涉及文化、建筑、生活方式、艺术思潮、宗教等。服装流行与否取决于它在不同程度上所具备的艺术性、功能性、科学性以及市场性等众多因素。就服装的流行而言，通过最近几十年的观察不难发现，流行是一个反复循环的过程，如某年的服装是对20世纪70年代服装的重新演绎，而上一年则可能是20世纪60年代服装风潮的再流行。又如色彩，从21世纪开始流行红色系、橙色系，几年之后红色系、橙色系不再流行，消失之后再几年的时间里这两种色系又开始再次流行。

当然，流行的循环性是一种外在表现，如果深究其原因，影响服装流行的元素非常复杂，政治、社会、经济、文化、技术等都可以产生影响。比如，就技术而言，科技的发展不仅影响服装面料的处理，还在印花图案的制作方法等方面不断创新，如3D印刷、激光数码印花，可以让消费者选择他们想要的印花图案，并且能立体、高清、逼真地体现原来的景物和细微之处。再如，文化的影响，一部新的电影、一种新的艺术流派、一个新的音乐团体或是一部热播电视剧都会引发新的时尚流行趋势。流行趋势虽然不是服装设计中的核心，但同样是服装设计中的一个要素，也是男士裤装设计中的要素。同时，关注流行趋势的同时，要进行理性、综合的分析，不能盲目追随流行。

2.面料

面料也是男士裤装设计中的一个要素，要了解面料感官语言，通过面料的纤维含量、重量、外观、悬垂性、手感、价格、品质等，来感知这款面料是否适合设计的款式类型及对应的消费群体和季节。

纤维的审美特征包括光泽、悬垂性、质地以及手感。面料是由不同的纤维所织造，同样是棉的纤维，既可以织成针织面料，也可以织成机织面料；不同的织法还可以形成不同的外观特征。

面料的重量通常是以盎司/平方码或盎司/码来计算的。对比不同面料的重量时，有必要确定是在同一计算单位上进行重量比较的。选择面料时，要考虑面料的重量与成衣的销售季节与所穿着环境中的功用以及成衣风格相吻合。

面料的外观指色彩、质地、光泽、图案和装饰等方法形成的面料或服装的外观印象。面料的外观不仅表现在纤维材料的混合运用上，还特别表现在纱线和面料的组织结构上，如粗纱与细纱的交织与合股、哑光与闪光纱线的交织与合股、毛绒纱与光滑纱线的交织与合股、密实结构与疏松结构的交错等，多种不同形式的组合创造出丰富多彩的表面效果。

面料的手感指面料触觉上的品质，它受纤维含量、纱线、面料结构和后整理因素的影响。与面料手感相关的是面料悬垂性。悬垂性指面料的悬垂（悬挂、紧贴、飘垂）和弯曲（褶裥或碎褶）。面料的手感和悬垂性决定了制成服装的款式和线条。

面料是影响服装外观审美、功能性以及产品利润的关键因素，选料过程是产品开发最关键的步骤之一，选择正确的面料会给服装加分，使产品与众不同。

3. 色彩

无论古代还是现在，色彩在服装设计中都有着举足轻重的作用。从整体上来说，服装色彩和自然界色彩相比较而言，服装色彩的选用局限性很大，要因人、因地、因时而异，所有的服装都是为人服务的。所以，服装色彩和人的关系概括起来可以分为服饰色彩与自然环境的关系、服饰色彩与社会生活的关系、服饰色彩与人的特点的关系。而就男士裤装而言，主流颜色有黑白灰无彩色系、蓝色系、米色系、咖啡色系。

黑、白、灰是服装设计中最常用、最大众的色彩。但从色彩角度而言，黑、白、灰是无彩色系，是明度的体现。黑色给人神秘的感觉，也给人庄重感。灰色给人柔软和无助感，它与太空的色彩接近，因此也有速度与科技感，与其他色彩搭配时，不会影响其他色彩的性格特征。白色是纯洁的色彩，给人以淡然一切的感觉。

蓝色是大海和天空的颜色，那是大自然中最富裕的色彩，也是最冷漠的色彩。蓝色给人以平静、理智和纯净的感觉，在男裤的应用中非常广泛，它不像黑色给人一种神秘感，是优雅和朴实的色彩。

米色是介于咖啡色与白色之间的色彩，它具有优雅的都市气质和含蓄、内敛的美感。它比咖啡色多了几分清爽与纯净，又比白色多了几分温暖与高贵，也比灰色多了些情感。

咖啡色让我们联想到秋天这一成熟的季节所带来的硕果累累以及苍茫的沙漠、坚硬的岩石。咖啡色是中性色彩，它的色彩性格不是那么强烈，显示随和、稳重，给人以温文尔雅、端庄的感觉。

4.图案

图案可分为抽象图案、具象图案、综合图案三种类型。抽象图案包括几何形图案、肌理图案和数字图案，是男士裤装中用得较多的一种图案形式。具象图案是运用图案构成的形式美法则，将自然形的素材进行艺术加工变化，设计成既具体又完美的图案形象。具象图案可分为花卉图案、动物图案、风景图案、人物图案以及建筑图案，此类图案在休闲风格的男士裤装设计中使用较多。综合图案就是将抽象图案和具象图案结合起来使用。

总体而言，虽然图案在男士裤装中的使用相对较少，尤其在一些如西裤之类的正式男裤中，图案的使用只会使其失去庄重和严肃感，但在休闲类的男裤中，图案是一个非常重要的元素，恰当地使用图案，可以为其增色不少。

第二节　男士裤装结构设计原理

一、男体下肢体态区域分布

为了更好地理解男裤纸样在下肢各部位应有的状态，结合男裤的结构特点将男子下肢体表分为四种功能区域：贴合区、作用区、自由区、设计区，把握它的分布，可使我们在进行纸样设计时根据款式的不同，有重点、有目的地强调其特点。

（一）贴合区

贴合区主要是指以腰围线为支撑，前面下腹部、侧面上前髂骨棘部、后臀部这一范围，这一部分主要起到支撑裤子的作用，也是要求裤子合体性的主要部分。无论裤型怎样变化，在这一区域内裤子结构始终是合体的，贴合于腰部的。

（二）作用区

作用区主要是指在贴合区到臀底调节区之间，其中包括适应下肢前屈运动的臀沟部和臀底偏移的部分，满足于裤子运动功能的松量及结构主要就设置于这一区域内。反映在裤子纸样当中，即是臀围、大腿根部运动松量的设定以及对裤子运动松量具有一定调节功能的后裆缝倾斜角度、裆弯弧线形状的设计。这一部分的造型和加放松度的恰当与否直接关系到下肢运动的舒适性。

（三）自由区

自由区主要是指臀沟下面 2～3 cm 的带状部分，这一区域主要是进行前后裆宽比例分配、偏移调整以及臀底放松量自由调整的空间范围。在这个范围内裤子裆部可以自由造型。

（四）设计区

设计区主要是指自由区至地面的范围。在这个范围内裤子可进行任意长度、宽度的横、纵向变化，这是进行裤子款型设计并生产设计效果的主要表现区间，也是最自由、最能发挥设计者的想象力的空间。

二、男裤结构与人体动态的关系

人体运动时体表形态发生变化，并且通过人体体表与服装之间的摩擦作用引起服装的变形。人体部位与相对应的服装部位的间隙量不同，服装变形量也就不同，松量大的服装变形量相对就小，反之就大；人体部位与相对应的服装部位所使用的材料布纹不同，服装变形量亦不同，斜料比横、直料变形量大；人体运动时，内层与外层衣服的摩擦力不同，相互摩擦力小的衣服变形量小。同样面料、相同松量，其结构不同，变形量也不同，这在裤装的上裆部位表现得较为明显。

为深入分析服装与人体皮肤变化间的关系，可参见图 7-2，男体下肢皮肤皱纹构造和伸展方向，箭头表示下裆线一边皮肤伸展方向和表示侧缝线一边皮肤伸展方向。为便于理解，按男裤纸样形态，如同将下肢皮肤剥离下来平面化，并使其前片、后片在下裆线处对接，如图 7-3 所示，这样便于我们更直观地观察、分析皮肤的伸展方向与裤子的关系。

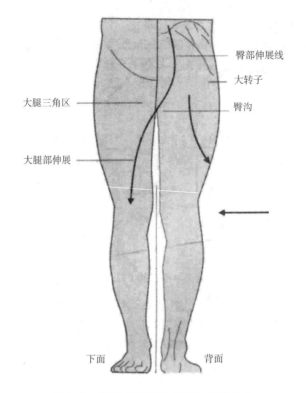

臀部伸展线

大转子

臀沟

大腿三角区

大腿部伸展

下面   背面

图 7-2　下肢皮肤皱纹构造和伸展方向

前中心

主要伸展线

臀沟

外侧伸展线

侧缝   侧缝

膝头

图 7-3　皮肤的伸展方向与裤子的关系

从上图我们可以得到以下启示：

（1）皮肤的伸展方向既可选择侧缝线的一边（从臀沟到大腿外侧），也可选择下裆线一边（从臀沟到大腿内侧），但都必须移动较大的大腿三角区，这是因为大腿三角区特别是内股充满皮下脂肪，皮肤细薄而柔软，是运动时移动较大的部分。

（2）皮肤的主要伸展方向为下裆线一边，这条伸展线是后腰部—臀沟—大腿内侧—膝头，也是提高裤子运动功能的路线。

由于人体的臀部比较丰满，臀部的运动必然会使围度增加，因此裤装应考虑臀部变化时所需要的松量，臀部运动的平均增加量是4cm，再考虑因舒适量所需要的空隙，一般舒适量都要大于5～6cm，至于因款式造型需要增加的风格设计舒适量则无限度。

腰围是下装固定的部位，腰部的各种运动会引起腰围尺寸的变化，因此也需要有适当的松量，腰围平均增加量为3cm，这是最大的变形量，同时考虑到腰围松量过大会影响束腰后腰围部位的美观性，因此一般取2cm。

第三节　男士裤装结构设计

一、股上长度及上裆的设定

人体股上长度是指坐姿时人体腰围线至凳面的垂距，即人体腰围线至会阴点的间距，一般称为上裆。从裤子的舒适性考虑，裤子的股上应该比人体股上低1～2cm。上裆是裤子结构的关键部位，其尺寸大小直接影响裤子裆底的宽松量与穿着的舒适度。如果上裆过短，则成品裤子的裆底与人体没有空间，易出现"勾裆"（夹屁股）现象。如果上裆过长，则成品裤子的裆底与人体空间过大，容易在人体运动时对腿部形成一定的牵扯，产生"吊裆"现象，既影响人体运动又影响美观。上裆是个非常固定的数值，对于同一款型的裤子（号型已确定），上裆几乎没有任何设计变动。如果变动，必然会导致款式的变化。例如，设计低腰休闲裤和低腰牛仔裤时，由于腰围线的降低，导致上裆尺寸相应减小。

裤子上裆尺寸设定有以下两种方法。

（一）量体法

人体采用坐姿，从人体腰部量至硬凳面的垂距，按裤子的合体程度加放松量直接得到数据。例如，女子中间体 160/68A，量体得到人体股上为 25cm，裤子上裆（不含腰头）取值一般为：

（1）合体裤：25（人体股上）+0（裆底松量）=25cm，裆底没有宽松量。

（2）半宽松裤或宽松裤：25（人体股上）+1～2（裆底松量）=26～27cm，裆底留有 1～2cm 的宽松量。

（3）紧身裤或贴体裤：25（人体股上）–1=24cm，裆底紧贴人体，没有宽松量，略有压迫感。

（4）低腰裤：25（人体股上）–1–（2～6）（低腰量）=18～22cm，即在紧身裤的基础上再减掉低腰量。

（二）公式法

裤子上裆（不含腰头）可以用公式法进行计算。主要计算方法如下：

（1）上裆 = 成衣臀围 /4，此公式适用于正常体形而且臀围松量在 4～12cm 的裤子，即贴体裤和合体裤。当臀围松量大于 12cm 时，上裆尺寸要适当增大，与臀部相协调，增大值一般为 1～2cm。如果追求裤装有美好的形态，腰臀部位十分贴体，上裆可适当减小，公式变为：上裆 = 成衣臀围 /4–（0.5～1cm）。

（2）上裆 = 裤长 /10+ 成衣臀围 /10+（4～6cm），此公式既适用于正常体，又适用于矮胖体或瘦高体等特体。

（3）上裆 =（号 + 净臀围）/10，此公式既适用于正常体，又适用于矮胖体或瘦高体等特体。

二、省的分配与形态

裤装腰省的存在是为了解决腰腹之差。当裤子臀部的松量较大，成衣腰围与成衣臀围之差大于 30cm 时，前片如果还采用一个省，会出现由于省过宽而引起的凸点的锐化，此时宜采用两个省或两个活褶。一般情况下，腰臀差通过七个部位进行分配。省大小一般 2～2.5cm，褶大小一般取 2.5～3.5cm。前片的凸起部位是腹凸，位于腰围线向下约 10cm 处，因此前腰省的长度一般不超过 10cm。后片腰省的存在是为了解决腰臀之差。因为臀凸位于由腰围线向下约 18cm 处臀围线上，所以后腰省的长度不能超过 18cm，一般为 11～13cm，臀部扁平的一般为 15cm。臀凸的位置较靠近中线，偏离肋线，因此靠近后中线的后腰省长一点。

裤子的前省可根据款式转变为褶，以提高下肢的活动性及舒适性。如果想突出裤子的优美形态，则应采用省的形态，避免有多余的松量出现在腰腹之间。当臀围松量很小，裤子属于紧身款式时，腰省的形状要参考人体的腰、腹、臀的形态而采用弧形省；随着松量的增大，裤子越来越宽松，腰省的形状采用直线形即可。

三、中裆位置和裤口位置的设定

中裆线的设定依据是膝围线。中裆线基本不起结构作用，其位置可以根据造型的需要上下移动。中裆线位置的变化一般在横裆线之下 27～33cm 之间，或下裆的 1/2 处向上 4～8cm。裁制宽裤口的裤子时，中裆线可适当提高，最高可取在下裆的上 1/4 处；裁制窄裤口的裤子时，其中裆线比较靠下，在下裆的 1/2 处向上 4cm 处。

基础裤长对应着人体的踝围，按国家标准《服装号型》规定，腰围高对应着腰围至脚底平面。在成衣设计中，真正的裤口位置要根据款式进行上下调整，即款式决定裤长。裤子中裆以下的部位与人体腿部运动关节无关，属于"设计区"，它形状的变化不影响中裆以上裤子的结构，所以裤口的变化只是款式的变化。裤口宽一般不超过脚的长度，不应该盖住鞋，这样既能体现人体重心稳定，又能体现鞋与裤装配合产生的协调。由于人体臀部比腹部容量大，一般后裤口比前裤口宽一些以取得与臀部比例的平衡。

中裆和裤口的尺寸对比，对款式影响较大。一般先确定裤口宽，然后根据款式在裤口宽的基础上进行变化来确定中裆宽。

四、臀围松量对其他部位的影响

臀围松量的变化不但影响裤子的宽松程度与造型风格，还会影响其他主要部位的尺寸，从而引起裤子结构的变化。

（一）臀围松量对上裆的影响

当臀围松量在 4～12cm 时，裤子臀部松量适度，能满足人体基本的生理运动，这时裤子上裆应基本等于人体股上尺寸，既不影响裤装的功能，又符合这类裤子端正、适体的风格，西裤、直筒裤就属于这种类型。

当臀围松量在 12cm 以上时，裤子臀部除满足基本运动功能的松量以外，还包含设计松量，如果裤子上裆尺寸仍等于人体股上尺寸，会出现围度与长度的松量不协调的结果，因此宽松的裤子其股上应增加 2～4cm。应该注意的是，上裆的尺寸不能随臀围松量的增大而成比例增大，因为上裆过大时，裤子的底裆降低，距离人体会阴点太远，会影响腿部的运动。

当臀围松量在 0～3cm 时，一般采用弹性面料，裤子臀部紧贴身体，如果腰头位于腰围线处，运动时会使腰部有压迫感，增大了运动阻力。为了减小阻力，同时获得围度与长度协调的效果，紧身裤子上裆尺寸通常应减小 4～8cm，即将腰围线降低 4～8cm。

（二）臀围松量对裆弯的影响

当臀围松量为 0～3cm 时，臀部紧贴身体，前后裆弯几乎没有松量，静态造型优美。如果面料无弹性，那裤子的运动性能较差。

当臀围松量在 4～12cm 时，臀部适体，前后裆松量适度，既满足了静态优美造型，又满足了基本的运动性能。以成衣臀围按比例推算出前后裆宽，可以得到适合的尺寸。

当臀围松量大于 12cm 时，如果以成衣臀围按比例推算总裆宽，便会得到较大的尺寸，即意味着有太多的布夹在两腿之间，这既破坏了静态造型，又不符合人体运动功能的要求。所以当裤子臀围松量大于 12cm 时，应以净臀围加 12cm 的尺寸代替成衣臀围按比例推算总裆宽。

第八章 女士下装结构设计

第一节 裙装结构设计略谈

一、裙装概述

（一）裙子的历史沿革

裙子是人类服装史上最古老的服装品种之一。公元前 3000 年左右，古埃及男子腰间缠裹的白色亚麻布就是最原始的裙子的雏形。到了中世纪，人们已经知道裙子应该设计一些省褶结构才能与人体贴合，在技术上有了显著进步。16 世纪中叶，兴起了华丽而优美的裙子，欧洲出现了裙撑，把它放在裙子里面，使裙子的造型膨胀变大。在裙子的发展历史中，最豪华的是 18 世纪的洛可可时代，后来由于法国大革命（1789 年）的爆发，豪华夸张的裙子造型消失了。20 世纪以后，由于第一次世界大战的影响，随着女性加入社会生活，裙子演变为便于活动的短裙。第二次世界大战后，裙装开始向多样化发展。20 世纪 60 年代的短裙变革值得一提。在此之前的女裙长度都很长，以及地裙、长裙或是中长裙为主，总之裙长必定在膝盖以下。20 世纪 60 年代，英国的时装设计师玛丽·奎因特推出了当时有很大争议的超短裙，引发了震动，然终因超短裙特有的朝气和时尚的风格为广大的年轻女性所喜爱，成为当时的风尚，并同时开创了短裙的历史。

与西方服饰相类似，中国古代服制为上衣下裳，裙子便是下裳的主要形式，无论男女，无论尊卑，古人多以裙为裳。随着历史的发展，裙装逐渐变成了女性的专利。特别是清代女子的旗袍，在中式的服装中融入西式的剪裁，充分体现了女性的婀娜多姿，至今仍被认为是最能体现女性曲线美的服饰之一。

裙子在现代生活中所起的作用越来越凸显，裙子的造型、色彩、长短也随着时装的流行而不断地演变，充分展示了女性的无穷魅力。

（二）裙装的分类

裙装是女装中花色品种与款式造型变化最丰富的一个门类。由于面料、形态、着装、用途等的不同，欲准确全面地予以分类定名，较为繁复。这里仅从裙子的整体形态与裙装款式两个方面，介绍大致分类如下。

1.按形态分类

裙子的外观造型千差万别，但基本形式相差不多，均为由腰部向下展开状。从总体形态上看，不外乎三种类型。

（1）H形（直裙）：这是与人体臀部、下肢形体协调一致的裙型。从腰部至臀围略为展开，以下呈直筒状。造型端庄适体，是裙装的基本形式。

（2）A形（喇叭裙）：裙片自腰部起向下展开，裙摆较大，裙形似A字。造型流畅大方，宽松飘逸，便于行走运动，穿着范围较广。

（3）V形（窄裙）：裙形从臀围以下逐渐收小，紧贴腿部，呈上大下小状。造型典雅优美，能显示女性纤巧优美的体态。

2.按款式分类

裙装的款式结构变化多姿，穿着方式也不尽相同，但基本可分为三种形式。

（1）单件裙：裙子单独设计制作，是单件独立的形式，可与其他上装、外套等配合穿。这是裙装中适应范围最广、配穿最灵活自由的款式。

（2）连衣裙：裙子与上衣相连的整件装形式，也是最具女性色彩的一类服装，形态优雅。由于上衣形式的多种变化，连衣裙又可分为长袖、短袖、无袖、背带等不同款式。

（3）套装裙：套装裙是裙子与上衣分开的形式，即用相同的面料制成上衣与下裙，配套穿。套装裙是职业女性的常用服装，具有端庄大方、稳重干练的风格。

（三）裙装的特点

1.形态优美多姿

裙装依腰节设计裁制，裙身自然悬垂，裙摆摇曳有致，形态十分优美，能较好地展示女性的体形与身姿。飘逸起伏的宽摆裙，端庄合体的直筒裙，洒脱自如的松身裙，轻盈活泼的超短裙，大方典雅的过膝裙，浪漫迷人的及地长裙，都可显示出女性婷婷优美的体态。而琳琅满目的面料，千变万化的款式形态，多姿多彩的装饰风格，更增添了裙装的整体美感。

2.造型灵活适体

裙装造型变化灵活，穿着适体。既有单件的裙子，也有与上衣相连的连衣裙和与上装相配的套裙，穿着方便自如，能适应不同的场合。无论上班上学，居家休憩，还是外出旅游，社交活动，都显得大方得体。同时，裙装四季适宜，夏季穿绸裙，春秋季穿布裙，冬季穿呢裙，裙装的面料与款式可随着季节的更迭而变化，因而裙装已成为女性常年可穿，适应性极强的一类服装。

3.穿着范围广泛

裙装具有设计剪裁的多变性，可以随身材的差异而灵活变化款式，能显现穿着者的优美身姿或弥补体型的不足。身材姣好的女子穿着裙装更显苗条优雅；体型不尽如人意者穿着剪裁得体的裙装，得以巧妙地遮掩与修正，而别具风采。

对于不同年龄、不同层次、不同身材的女性来说，裙装独特而多变的款式总能使她们获得满意的服饰效果，因而它始终是女性的"宠儿"。从年幼女孩活泼美丽的童裙、妙龄少女新颖别致的时装裙，到中老年女性端庄稳重的套装裙，款式各异的裙装充分地展示了不同年龄女性的风采。裙装的风格多种多样，既有雍容华贵的，也有朴素简洁的；既有典雅庄重的，也有洒脱随意的；既有严谨传统的，也有自由新潮的，不同层次的女性在裙装天地中都可寻觅到适合自身的款式。

4.富有流行特色

裙装也与其他服饰一样，极富流行性，且表现得更为鲜明突出。从长裙到短裙，从宽摆到窄摆，从高腰到低腰，千变万化的裙装令人目不暇接。由于裙装的常变常新，永葆活力，使之成为女性服饰中不可缺少的重要类别。在一种时装新潮流涌来之际，作为最具女性特色的裙装总是占据着极为醒目的地位，传递出新的流行信息，进而影响到与之配套的其他服饰的变化。

（四）裙装与女性的人体美

随着服装的出现，人体美的特征转嫁于服装之上，所以了解人体美的特征，对于服装结构设计而言非常重要。而裙装作为最能体现女性人体特征的服装，了解女性的人体美便不可或缺。

1.女性人体结构特点

人体审美规律源于人体的结构和形态，受到社会因素、时代因素、民族因素的影响。骨骼、肌肉、皮肤共同构成人体结构三要素，骨骼是构成人体的支柱，决定了人体的基本形态和各部位的比例关系。肌肉附着于骨骼和骨骼之间，帮助人体实现不同的运动。皮肤覆盖了整个人体，起到了保护人体和抵抗环境侵害的作用。

女性和男性在形体美特征上差别极大。男性强调肩部挺括、臀部相对较窄、肌肉健壮的形体棱角感，以此体现出男性的阳刚和力量。女性则强调胸部丰满、腰部纤细、臀部圆润的形体曲线美，侧面呈 S 形，正面形态呈 X 形，肌肉较男性不发达，皮下脂肪沉积，因此体表较光滑，肩部相对男性较窄，肩斜度较大，胸廓较窄，臀部丰满，体表曲线较大。

2.女性人体美的三要素

（1）曲线美

人体的形体美通过人体轮廓的曲线显现出来，人体曲线的形成依附于骨骼上的肌肉与脂肪，随着年龄的增长，肌肉和脂肪不断生长堆积，进而影响女性的形体美。这其中，对曲线美影响最大的是三围尺寸——胸围、腰围、臀围。胸部美是指胸部形态为半球或小圆锥状，乳房丰满、匀称、挺拔，乳头突出；腰部美是指腰部要明显比胸部和胯部偏窄，能够与胸、臀构成内凹的圆滑曲线，上承肩胸，下接胯臀部的优美曲线；臀部美是指从侧面看腰臀曲线明显，与腿部连接处弧度较大，从背面看呈两个无下垂的圆形，富有弹性且丰满。同时，曲线美还体现在腹部较为平坦无赘肉等方面。

（2）对称美

对称即图形或物体的两侧，在大小、形状和排列上具有一一对应的关系。对称这一规律在审美中被广泛应用，如在评价人面部美感时，对称的面部使人感到更加和谐优美。女性在静态和动态时都要注意姿势以保持人体对称的美感，当人体的某一部分出现缺陷时，就会打破这种对称的美感，因此，对称美成为衡量形体美的一个重要指标。

（3）比例美

比例关系控制着人体的匀称，人体中隐藏了诸多经典比例。人体的比例是指人体与各局部间所占大小的比较，并将人体各部位间以数量比例的比较形式体现。掌握人体比例规律可以更高效、更准确地辅助设计师进行服装设计和服装样板制作。

二、裙装各部件设计

（一）腰部

腰部是整条裙装设计的开始部件，所以在设计中需优先考虑。无腰头的款式设计因需结合裙身的整体造型而定，所以在这里就先讲解有腰头的款式设计方法。

1. 腰头

腰头的款式设计主要取决于腰头所在的位置与宽度。就最基本的中腰位置而言，最合适的腰头宽的上限为 3cm。如果超过了这个尺寸范围，就要看这个腰头相对于人体腰线所在的位置了，腰线以上的需有上弧，腰线以下的需有下弧，两者都被称为圆腰，这是由人体曲线决定的。而小于 3cm 的腰头则可忽略人体曲线，最窄的腰头可以只是 0.5cm 的滚边宽度。

其次，要考虑腰头的造型。除了直腰和圆腰以外，如尖角形、波浪形、锯齿形等各种变化的造型，只要符合人体结构，也都是可以考虑的。

此外，还可以有腰头弹性变化的设计。腰头本来的功能就是收束人体的腰部，弹性的腰头既可以起到最简单的束腰作用，而且还能有较大的宽松度，为日用裙装所常用。弹性的腰头往往通过加装橡筋而实现，有全橡筋的，也有半橡筋的，半橡筋的设计一般把橡筋嵌于腰部两侧和后腰处。

需要补充的是，腰头也可以作分割的设计处理，包含有横向的、纵向的和斜向等样式，它们一方面能起到装饰的作用，另一方面也可以考虑结构的因素，从而使腰头在穿着时更合体。当然，腰头的设计中可以加上褶裥、镶边、嵌条、绣花、烫钻和铆钉，这些设计手法都可以极大地丰富腰头的视觉效果，而使设计与众不同。

2. 腰襻

在腰部的设计中，马簧襻是很常见的结构。它最早出现在男子西裤中，原本的功能是用来固定腰带并牵引裤子的，一般为 1cm 宽，3.5cm 长，平均分布在腰围上。但是，随着时装设计的不断发展，腰襻不仅仅用于腰带的牵引，而成了一种设计元素，并成了女装设计中的一个亮点。腰襻的设计变化主要表现在对于经典马簧襻样式的变异上，即在宽度、长度、数量和角度等结构的变化，以及装饰上面的变化，从而产生了各种样式。

3. 腰带

腰带以往是作为饰品，与服装共同构成服饰系统的。但在时装日新月异的今天，设计所考虑的边界早已被打破，腰带成了裙装腰部设计的一个不可或缺的元素而不断发展。腰带按与裙身材质、色彩异同可分为同质同色、同质异色和异质异色、异质同色四类，还可以对腰带的头部进行多样化设计，如搭扣、蝴蝶结、D 形环等。

（二）褶裥

褶裥在女裙上的作用较之上装要重要得多，它是裙子中变化最丰富的元素，表现在如下几个方面。

1. 可以解决腰臀之间的差量

由于人体腰部与臀部之间的差值较大，所以在腰部往往需要收掉许多余量，以使裙身与人体贴合，而褶裥是一种重要的手段。

2. 可以替代裙衩的作用

对于裙装而言，如果裙摆影响了人体的运动，就需要在裙摆处开衩来满足需要，而裙摆处的褶裥可以起到同样的作用，这样可以避免对于裙身的分割。

3. 具有多种样式

（1）自然褶裥

自然褶裥是通过在上缘接缝处的抽褶或重叠，并运用面料的悬垂性能，自然形成的褶裥类型，可以产生波浪起伏的自由效果。是裙装中最常见的褶裥类型。

（2）定型褶裥

定型褶裥是通过高温、高压和特殊工艺等对叠合好的褶裥进行定型处理的样式，有单向褶裥、厢式褶裥、风琴褶裥等类型，既可以贯通于整体裙身，又可以局部使用，形成裙装上经典的褶裥样式。例如，百褶裙、剑褶裙、风琴褶裙、箱褶裙等都属于定型褶裥。

（3）绗缝褶

绗缝褶类型的褶裥是在裙身上通过踩踏较紧密或有弹性的绗缝线而形成的自然褶皱，具有轻松随意的效果，可有纵向、横向、斜向等各种样式。

（三）口袋

口袋在裙装的设计中也是以装饰性为主，功能性为辅的服装部件，不如其在西装、夹克、裤子和外套等服装品类中的功能性那样重要。这主要是因为裙装本身的功能和穿着的习惯造成的。一般来说，裙装的口袋可有可无，如果有的话多位于臀围线以上，靠近腰部。

虽然说裙装的口袋作用不大，但是结构却与外套上的一般无二，都由袋身、袋盖或袋贴等部分组成，也可按外观分为明口袋和暗口袋两种。明口袋以明贴袋为主，也就是整个口袋的轮廓按需要平服地缝合在大身表面上的样式，造型清晰可见，也有立体口袋的样式；而暗口袋则是整个口袋造型不可见的一种样式，或可称为插袋。暗口袋的开口处一般隐藏于口袋的袋贴、袋盖或大身的分割线处，口袋的整体藏于衣片内侧，也有的裙装设计采用内贴暗袋的方法，其大身表面可见一二道缝迹线。当然，如果我们开阔一下思路，也可以设计出各种复合型的口袋，如贴袋上面加暗袋，不过复合型的口袋多表现为休闲的风格，这一点不能混淆。

（四）分割线

裙装上的分割线是指对裙身进行分割再缝合后产生的线条，既有功能性的作用，又有装饰外观的效果。这里就具体的分割线类型举例说明。

1. 纵向分割线

纵向分割线是裙装中最常见的分割方式。除了侧缝分割线外，在裙身前后片都可以无限分割，经典的款式有四片式、八片式、十六片式等，如今更是多有不对称分割样式，以及非直线的纵向分割线条。有些分割线可以考虑采用辅料来实现。

2. 横向分割线

腰头的结构本身就是一种横向的分割类型。除此以外，裙身上的横向分割有下摆分割的、均匀分割的、渐变分割的和错落分割的多种样式，线条也并不一定是直线，还可以是曲线和折线等，只要趋势是水平的就可以。

3. 斜向分割线

斜向分割线也有多种角度和多种排列方式，如75°、45°、15°等，也有均匀排列、渐变排列、放射形排列和自由排列等许多样式，还有旋转裙也属于这种类型，其线条也可有直线、曲线、折线等。

4. 交叉分割线

所谓交叉分割就是将不同方向的分割线排列在一起，相互重叠的样式，这样的分割可以形成交错的视觉效果，具有流行时尚的味道。

5. 图案分割线

处理这种类型的分割线可以按照设定的某种造型的图案将之摆放在裙身上进行尝试，关键看平面构图的效果，如圆形、方形、菱形、三角形、螺旋形等，也可以是一个人物、动物或植物等，或者就是一个抽象的自由图形。

第二节　裙装结构设计

一、半身裙结构设计

半身裙是包裹人体含双腿的下半身服装，款式变化丰富多样。在本小节中，笔者以直身裙和 A 字裙为例，对其结构设计展开论述和说明。

（一）直身裙

1.款式特征

直身裙贴合部位较多，属于紧身裙子造型，自臀围线以下呈垂直或向内状态。前后各收四个腰省，后中装隐形拉链，如图 8-1 所示。

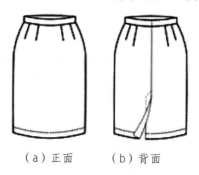

（a）正面　　　（b）背面

图 8-1　直身裙款式图

2.规格设计

按目前我国成年女子中间体 160/84A，加入适当松量构成：

W=W*（净腰围）+（0 ～ 2cm）。

H=H*（净臀围）+（4 ～ 6cm）。

HL=0.1h+2cm。

SL=（0.4+0.5）h±a（a 为常量，视款式而定）。

3.制图要点

直身裙结构制图要点如下：

（1）按腰围、臀围、臀长、裙长作裙装原型结构图。

（2）取前臀围 H/4+1cm，后臀围 H/4-1cm，前腰围 W/4+1cm+0.5cm，后腰围 W/4-1cm-0.5cm，前、后裙片各有 2 个省道，省道位置约在腰围 1/3 处，画顺腰围线和侧缝线。

（3）后中下摆开衩，衩高 20cm，后中装拉链。

（二）A 字裙

1. 款式特点

A 字裙也称为半紧身裙，是指从腰围到臀围较合体（臀围松量稍大于直身裙），裙摆稍微变宽的裙型，腰部可有一个省道，也可没有省道，参考图 8-2。

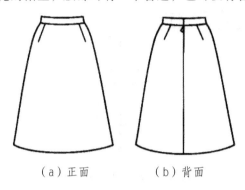

（a）正面　　　　（b）背面

图 8-2　A 字裙款式图

2. 规格设计

按目前我国成年女子中间体 160/84A，加入适当松量构成：

W=W*（净腰围）+（0 ～ 2cm）。

H=H*（净臀围）+（6 ～ 12cm）。

HL=0.1h+2cm。

SL=0.4h±a（a 为常量，视款式而定）。

3. 制图要点

A 字裙的结构制图要点如下：

（1）在直身裙原型基础上，从省尖点垂直向下作辅助线至下摆。

（2）沿辅助线剪开，闭合部分腰省，在臀围及下摆处加入展开量，达到 A 字裙臀围 H 的规格设计。

（3）合并剩余省道量，根据款式图确定前、后腰省位置。

（4）根据裙长 SL 画顺下摆线。

二、连衣裙结构设计

连衣裙的款式变化同样丰富多样，在本小节中，笔者以连腰型和接腰型两类为例，对其结构设计展开论述和说明。

（一）接腰型

1.款式特点

接腰型连衣裙是一款衣身与裙身在腰节拼缝而成的无袖连衣裙。整体造型合体，前衣身左右各有一个腋下省、一个腰省，后衣身左右各有一个肩胛省、一个腰省。前裙片左右各有一个腹凸省，后裙片左右各有一个腹凸省，后身背缝绱隐形拉链，参考图8-3。

图8-3　接腰连衣裙款式图

2.规格设计

参考我国成年女子中间体160/84A，规格设计见表8-1。

表8-1　接腰型连衣裙规格表

单位：cm

部位	后衣长	胸围	腰围	臀围	肩宽
净体尺寸	38（背长）	84	66	90	38.5
产品尺寸	97.5	92	74	98	34.5

（二）连腰型

1.款式特点

连腰型连衣裙是一款衣身与裙身相连成一体的连衣裙，整体造型较为合体，款式简洁，线条流畅。前设袖窿省与腰省，后设腰省以突出腰部造型，一片式短袖，小一字领，前领口V字形挖口，侧缝绱隐形拉链，参考图8-4。

图 8-4　连腰型连衣裙款式图

2.规格设计

参考我国成年女子中间体 160/84A，规格设计见表 8-2。

表 8-2　连腰型连衣裙规格表

单位：cm

部位	后衣长	胸围	腰围	臀围	肩宽	袖长
净体尺寸	38（背长）	84	66	90	38.5	
产品尺寸	89	94	76	98	38	20

第三节　裤装结构设计略谈

一、女裤概述

（一）女裤的发展

在很长的时间里，裙子一直是人类腰部以下穿着的主要服饰，女裤的普及大约从 19 世纪开始。美国的女权运动先驱阿美丽亚·布尔玛于 1851 年把东方风格的阿拉伯式宽松灯笼裤引入女装作大胆尝试，灯笼裤选用与上衣完全相同的面料，裤筒宽大，裤脚口在脚踝处束紧。这种引人注目的新型裤装在伦敦的一家啤酒馆作为女服务员的制服，在欧洲极受欢迎，被称作布尔玛裤。1895年，美国芝加哥的一位年轻女教师甚至穿着灯笼裤在讲台上授课，一时社会舆论哗然。20世纪初,流行用条纹棉布或格子呢料制作的臀部和大腿部的裤筒较宽大,从小腿部开始渐趋窄小,且裤脚翻边的款式。裤脚翻边,据说起源于一位英国贵族在下雨天去纽约参加一个婚礼的路上,把裤脚卷起,因迟到而忘记放下裤脚,遂成为一种时尚。

1959年,英国的服装设计师玛丽·匡特在英国的画报上刊登了一款称为"迷你"的裙子款式,成为20世纪60年代富有个性的无拘束服装中的一个范例,揭开了时装史上波澜壮阔的新篇章。与"迷你"一起流行的还有长裤、长裤套装和短裤。长裤有两种最常见的款式:一是低腰裤,也称爵士乐迷裤、瘦腿裤,直裆做得很短,多用纯棉斜纹面料制作,再配上镶有发光金属的皮带装饰扣、粗棉布衬衫、小背心、披肩领带、阔边牛仔帽、皮靴等,便组成了"西部装",并在以后的20多年里一再流行。二是牛仔裤的流行,其典型的特点是低腰、包臀、直裤筒、金属铆钉、蓝斜纹布、橘红色缝线以及后腰上的皮标签。除了牛仔裤,还流行牛仔夹克、牛仔套装、牛仔短裤等,这种充满自信和青春感的服装形式广泛地被男女老少穿着。

到了20世纪70年代,女裤造型越加丰富多样,有上大下小的锥形裤、马裤;有肥大的灯笼裤、海盗式短裤和特长立裆的大裆裤;还有喇叭裤、袋装裤、直筒裤、长及膝盖上沿的半截裤、裙裤和采用黑色基调的长裤等。

从某种意义上来说,是著名时装设计师伊夫·圣·洛朗把妇女从裙撑中解放了出来。他大胆地以男装的线条与女装的优雅,为当时的女性创造出了一款以深色为基调的西裤套装。当巴黎的女人们穿着帅气的"YSL"的裤子,潇洒地从家庭步入社会时,她们欣喜地发现,穿裤子可以迈开大步走路,可以跑,可以跳,可以随意落座,双腿交叉时也不必为礼仪而努力抚平裙摆了。伊夫·圣·洛朗认为:"裤子赋予女性特别的魅力和自由。"所以,与其说他创造的是一条裤子,不如说他创造了一个时代。

(二)女裤的种类

如今,女裤的种类可谓是丰富多彩,依据不同的分类标准,便有不同的种类名称。

1.按廓形分类

按女裤廓形分类有直筒裤、锥形裤、喇叭裤三种基本形式。

(1)直筒女裤:呈长方形或H形,造型简洁合体,属于女裤基本型。直筒女裤腰臀放松量适中,中裆与裤口的尺寸接近,整体成筒形。直筒女裤的基本结构表达方式就是女裤原型,直筒女裤造型结构设计通常采用标准裤长。

（2）锥形女裤：是一种上宽下窄、裤腿渐趋收紧的裤型，从腰部到裤脚尺寸逐渐缩小，裤脚尺寸几乎与鞋口尺寸相同，呈典型的圆锥形。当锥形女裤裤口小于人体踝围尺寸时，在裤口需做开叉或装拉链设计。锥形女裤增大臀围松量，缩小裤口余量，形成上宽下窄的反差。

（3）喇叭女裤：呈上紧下松的廓形。喇叭裤于20世纪70年代曾风靡世界，受到男女青年喜爱。喇叭女裤通常腰臀部设计合体或贴身，裤腿下部逐渐打开，形似喇叭状。喇叭女裤裤口作为实用的因素较少，主要起造型作用。裤腿打开部位可以在中裆线上下浮动，中裆线是喇叭裤的结构线，又是造型选择基准线。

2.按裤腰位置高低分类

按照裤子腰围高低可分为束腰裤、无腰头裤、连腰裤、低腰裤、高腰裤几种。

（1）束腰裤：正常腰位，装腰带，是最常见的裤款。

（2）无腰头裤：正常腰位，装腰贴或腰位包条缝而不装腰带。

（3）连腰裤：腰带部分与裤身片相连裁制的裤款。

（4）低腰裤：腰位落在正常腰位以下3～5cm处，露肚脐的紧身裤。

（5）高腰裤：结构类似于连腰裤，只是腰位抬高至胸下部位。

3.按加放的放松量分类

女裤按照加放的放松量分类有紧身裤、合体裤、较宽松裤和宽松裤几种，从左到右放松量逐渐增多。

（1）紧身裤：也叫贴体裤，臀围松量较少或没有，腰部无褶设省，甚至无省。

（2）合体裤：合体裤属于基本款，臀围松量适宜，前腰部设一至二省。

（3）较宽松裤：臀围松量较多，前腰部设一至二褶。

（4）宽松裤：臀围松量多，前腰部设两个以上的褶。

（三）女裤的面料、辅料选择

1.面料的选择

裤子是实用性很强的服饰品种，通常采用的面料在强调穿着舒适的前提下，还应具有一定的抗皱性、坚牢度、耐磨性和耐洗涤性，质地组织紧密，效果相对平整而结实。一般以涤、棉、毛以及各种混纺原料织制的中厚面料为主，如平整风格的凡丁，凹凸风格的马裤呢、灯芯绒，光泽风格的皮革、金属涂层，硬挺风格的板可呢，质地厚实的卡其、牛仔布，起毛起绒风格的麂皮绒、绒布或具弹性功能的面料。这些都是不同季节、不同类型裤子经常使用的面料。如夏季常用的是棉质或化纤类轻薄凉爽的面料，追求休闲、飘逸的风格；冬季则多采用呢绒、起毛等厚重一些的面料。

裤子的色彩往往与上衣的设计相呼应，通常偏向于深沉一些的色彩。裤子面料一般以染色居多，此外是传统的色织条格，代表性的有细条纹、小方格、千鸟格等，但应避免横条织物。

2.辅料的选择

根据服装材料的基本功能和在裤装中的应用，裤装辅料主要包括里料、填料、衬料等几个部分。

（1）里料

选择里料的要求是其性能、颜色、质量、价格等与面料的统一。里料的缩水率、耐热性、耐洗涤性、强度、厚度、重量等特性应与面料相匹配；里料与面料的颜色应相协调、并有好的色牢度；里料应光滑、轻软、耐用；有蓬松感、易起毛球、易产生静电和有弹性的织物均不适宜作里料。里料应弥补面料的缺点，如对易产生静电的面料，要选择易导电的里料，否则非但影响穿着，里料起皱，也会影响面料的平整。在不影响裤子整体效果的情况下，里料与面料的档次应相匹配，还应适当考虑里料的价格并选择相对容易缝制的里料。棉布的里料用于中低档休闲裤子；真丝的里料用于丝绸或夏季薄毛料的高档裤子；涤纶、锦纶、粘胶、醋酯等化纤里料适用于一般性的中低档裤子。

（2）衬料

衬料是附在服装面料和里料之间的材料，并赋予服装特殊的造型性能和保型性能。裤子上需粘衬的部位有裤腰头、裤脚折边、兜盖、袋口、腰带等部位，以不影响裤子面料手感和风格为前提，从而加固裤子的局部平挺、抗皱、宽厚、强度、不易变形和可加工性。

根据裤子上不同部位用衬的特点，有保证裤腰不倒不皱并富有弹性的腰衬和按底布种类的机织、针织和非织造的热熔胶粘衬。一般来说，需按裤子的面料性能来选择粘合衬。粘合衬的热熔胶要有较低的熔融温度和好的黏合能力，以便不损伤面料并有较高的黏合牢度。

（3）填料

裤子用填料的作用是赋予服装保暖、保形以及防辐射、卫生保健等其他特殊功能。有用于高档裤子的弹性、透湿透气性好，质轻、保暖性极好的羊毛、驼毛、丝棉絮；有用于高档裤子的天然毛皮、羽绒絮；有用于中低档裤子的质轻而保暖、耐洗而价廉的化纤絮；有用于中低档裤子的耐用而价廉的混合絮；有用于中低档裤子的弹性、保暖性差的较廉价的棉花絮；还有用于特殊功能裤子的特殊功能的填料。

二、女性下半身体型与裤装结构的关系

（一）女性下半身体型特征

人体凹凸体型特征形成的内在依据是人体的骨骼、肌肉和皮肤，它们共同构成了人体的外部形体特征。同时，也成为研究服装结构的重要依据。为了更好地把握女性的下半身特征，需要对人体的骨骼、肌肉做进一步的研究。

1.下半身骨骼构造

骨骼是引起体表凹凸不平的主要组织，它既是人体的支架，支持和保护人体，又是人体外形的主导，制约人体外形的比例和体积大小，决定着人体的基本外形。对下半身服装而言，骨盆、下肢骨系以及各骨骼之间的关联是影响下装结构的主要骨骼组织。人体下肢骨由股骨、髌骨、胫骨、腓骨和足骨构成。股骨即为大腿骨，上端与髋骨连接，即构成下肢大转子，大转子是臀部与下肢的连接点。其下端与髌骨、胫骨和腓骨连接而形成膝关节，膝关节是大腿和小腿的连接点。髌骨即为通常所说的膝盖骨，膝盖骨以下的小腿骨主要由胫骨和腓骨构成。胫骨在内侧、腓骨在外侧，胫骨、腓骨与上端的髌骨和股骨在下端会合，形成膝关节。

下半身骨骼的高度为下装的长度设计依据之一，而下半身骨盆的构造则决定了裤装裆部结构。的确，骨盆是人体固定体之一，骨盆的构造也决定着腰、腹、臀部的外形。骨盆的两侧髋骨与下肢股骨相连构成大转子，大转子位置是测定臀围线的依据。骨盆连接躯干和下肢，无论是上装还是下装，此部位均为人体测量和结构设计的重要依据部位。

和男性相比，女性骨盆的特征更为突出，女性骨盆高度比男性骨盆低，宽度比男性宽。女性髂骨上缘线往上 4cm 左右为人体最细处，即一般腰围线位置。正常情况下，男性骨盆呈倒梯形，女性骨盆呈扁的倒梯形。

水平方向上，男性骨盆处髂前上棘短于耻骨联合。整体而言，成直立的状态。女性的骨盆与男性相反，成前倾的状态。另外，女性的骶骨比男性的尖，坐骨与骶骨端之间的距离也比男性大。由于骨盆构造的差异，使男女在臀部的外观形态表现不同。

2.下肢肌肉分布

在人体后臀处，存在臀大肌、臀中肌和臀小肌。其中，臀大肌在骨盆后

外侧面的最外侧，位于腰背腱肌的下方，且直接存在于表皮下，是臀部最大的肌肉。臀大肌最丰满处与骨骼中的大转子突点位于同一水平面上，丰满的肌肉隆起形成浑圆的臀部，构成臀部着力点，称作臀突点，该点也是下体服装臀后的重要支撑点。该部位与腰部、腿部构成了一条弧形曲线，该曲线在外观上呈现 S 型，女性 S 型尤为突出。静态时，臀大肌的主要作用是保持人体站立姿势，使骨盆后倾。臀大肌使下缘与股肌的结合处呈现弧状曲线，该曲线称为臀股沟，它是测量裤子上裆长的主要标记位置。

（二）女性下半身与裤装结构关系剖析

裤装是包覆人体腰腹臀、腿部的一类服装基本形式，其款式虽没上衣样式变化多端，但其适用范围广泛，老少皆宜，且适合不同场合。裤装是裙装的衍生体，除了满足裙装所需的包裹性，还需要根据人体会阴部、臀部等人体特征，设计裆部结构，其结构比裙装复杂。但通过观察裤子的整体外观轮廓，我们大体上可以从横向（围度）与纵向（长度）两个层面去剖析女性下半身与裤装结构的关系。

1.女性下半身与裤装围度的关系

围度层面的因子有腰围、臀围、大腿根围、膝围。

（1）腰围

人体腰部位置有双重作用，一是固定裤装，二是承受裤装压力。一般设定人体正面体侧最凹的水平位置为腰围线位置，相较于其他部位而言，该部位受肢体活动影响较小，属于较为稳定的"因子"。

（2）臀围

人体臀部有臀大肌，其所在位置为臀部最丰满的部位。左右两侧臀大肌的汇合处形成臀沟，臀部又与腿部构成了一条明显的臀底弧线。腹部前中线、臀后中线、臀沟底线连结构成裤装原型的前后裆部位的结构弧线，即裤装裆弧线。臀突量的大小会影响裤装后中心斜线的倾斜程度，如图 8-5 中，φ 为人体臀突量产生的人体臀部倾斜角，θ 为裤装后中心倾斜角，裤子穿着过程中，后上裆缝是紧密贴合人体的，一般情况下，可设计裤装后中心倾斜角来满足臀部突起造型。为了满足臀部特点，可以在后中心斜线上增加 $\triangle Z$ 的量，即为后裆起翘量，其大小与人体臀突量呈正相关关系。腹臀宽的前后厚度决定裤子裆部的宽度。腰线到裆底的距离是裤装上裆长尺寸。裤装后片省缝是适应人体腰部凹陷和臀部隆起的外形需要，并且腰臀差量是此省量设计的依据。

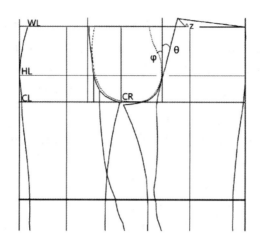

图 8-5　臀围与裤装的关系（虚线部分为人体纵截面）

（3）大腿根围

大腿根部是裤装横裆所在位置，此部位存在大腿肌肉，横裆尺寸应大于或等于人体腿根围。若横裆宽过小，则使得裤装在大腿根围处较紧，会妨碍人体的运动；若横裆宽过大，则大腿内侧具有较多的堆积量，影响人体运动和裤装造型的美观。此围度又与人体的臀围相关，一般情况下，人体臀围较大，则大腿较粗；臀围较小，则大腿较细。因此，要充分考虑大腿与臀围密切关系。

（4）膝围

膝围是经过膝盖中点的水平围长。膝盖部位有人体下肢中较为活跃的关节，活动的幅度较大。因此，在进行裤装设计时，裤管在膝关节处切忌贴紧，否则将影响活动范围。此部位对应裤装的中裆，中裆起着横裆与裤口"承上启下"的过渡作用。因此，一般根据裤腿造型设置中裆大小，甚至可调整其位置的上移或下移，这表明中裆具有被动性和灵活性双重特点。

2.女性下半身与裤装长度的关系

长度层面的因子有裤长、上裆长、下裆长、中裆长。

（1）裤长

裤长一般从腰节开始向下量取，长度视款式的具体要求确定。其中，长裤是人们日常着装中最常见的下装形式，既强调合体舒适，便于运动，又要求美观的外观效果，兼实用性与艺术性于一体，是人们日常生活中行装必备品。

（2）上裆长

上裆长又称直裆或立裆，与人体的股上长紧密相关，一般是指从人体体后腰围线量至臀沟的竖直长度。上裆长直接影响裤子合体性、功能性以及造型性。若上裆过短，则会造成裆部与人体空间较小，穿着时，会阴部位会产生紧绷压迫感，且在裤装外观造型上出现勾裆现象；上裆过深，则会形成吊裆，影响人体活动又不美观。因此，裤装上裆长对裤装板型设计十分重要。

（3）下裆长

下裆长是指裆底水平线以下的长度。下裆长与上裆长之和称为裤长，在人体上表示臀沟到测量面的高度。裤装的造型变化主要在人体下裆区域进行。因此，它是裤装设计中最活跃的变化因素。下裆由中裆将其分为上、下两段。上段是指横裆线至中裆线，这一段属于裤腿的大腿部分。按照腿型上粗下细的比例，一般裤腿上段呈横裆大，中裆小，即内收造型的趋势。下段是指中裆至裤口的小腿部分。脚踝围上下的裤口围度，是裤子造型中最活跃的变化因素，裤口的大小无须按比例缩放，可根据裤腿造型可以有各种不同的款式设计。

（4）中裆长

中裆长是指裤装腰围线到中裆线处的长度，在人体上，一般表示从人体腰围到膝盖围处的竖直高度，又称膝长。中裆长为设置裤装中裆位置的依据。

第四节　裤装结构设计

一、女裤结构设计松量的确定

（一）腰围松量及分配

人体的许多动作对腰围的尺寸产生影响，如表8-3便表现了直立、坐下、前屈等动作对腰围尺寸的影响。

表8-3　运动对腰围尺寸的影响

姿势	动作	平均增加量（cm）
直立姿势	45° 前屈	1.1
	90° 前屈	1.8
坐在椅子上	正坐	1.5
	90° 前屈	2.7

姿势	动作	平均增加量
席地而坐	正坐	1.6
	90° 前屈	2.9

从表 8-3 可看出，席地而坐并做 90° 前屈时，腰围尺寸变化最大，平均增加量为 2.9cm。根据人体工学的研究，进餐前后腰围尺寸有 2cm 左右的变化；而根据医学研究，腰部有 2cm 左右的压迫量不会对人体产生不良的影响。因此，对下装而言，腰围的基本放松量为 0 ~ 2cm。

（二）臀围松量及分配

同样是在直立、坐下、前屈等几个动作下，臀围尺寸的变化可见表 8-4。

表 8-4　运动对臀围尺寸的影响

姿势	动作	平均增加量（cm）
直立姿势	45° 前屈	0.6
	90° 前屈	1.3
坐在椅子上	正坐	2.6
	90° 前屈	3.5
席地而坐	正坐	2.9
	90° 前屈	4.0

由表 8-4 可知，在席地而坐做 90° 前屈时，臀围增加量最多，平均增加量为 4cm，再考虑因舒适性所需要的间隙，一般臀围的基本放松量为 5cm。此外，关于臀围的前后分配，当人体静态站立，上肢自然下垂时，手的中指指向人体下肢偏前部位。设计前臀宽为 H/4-1，后臀宽为 H/4+1。考虑人体体型特征，因为人体臀部相对腹部较丰满，较外凸，为了使侧缝线不偏向后侧，故后裤片的围度比前片围度大些[①]。

（三）上档宽值及前后分配

裤身档弯形状是由人体臀部形态决定的。档宽在很大程度上决定裤装的

---

① 邹平 . 裤装基型结构分析 [J]. 辽宁丝绸 ,1999(4):33 ~ 35.

适体性与合体性，其值以满足人体厚度及运动机能为佳。过宽会影响下裆线弯度以及裤管造型，裆部有余量形成甩裆；过窄又会使臀部绷紧形成抽裆。我国标准女体臀部侧向轴切面是一个下部向后倾斜的椭圆形。体轴线将臀部分成凸度较小、位置靠上的腹凸和凸度较大、位置靠下的臀凸。这就构成了裤装裆部形状，决定了裤身裆弯的采寸方法。

1. 总裆宽尺寸

人体前腹至臀沟的厚度决定了总裆宽最小值基准裆宽，经实验核准，基准裆宽 = 净臀围 /6 就能满足人体厚度需要。而随着臀围松量的增大，裤身总裆宽也随之增加，此时，总裆宽 = 基准裆宽 +X（X = 松量 /6，是随臀围松量增大引起的裆宽追加值），但裆宽追加值与臀围松量只是在一定范围内成正相关，中间体女裤裆宽追加值最大取 2cm 就能满足人体正常运动需要，即当臀围松量在 12cm 及以内时，裆宽追加值 X= 松量 /6，当臀围松量大于 12cm 时，裆宽追加值取 2cm 即可，无须再增加，否则裆部有余量形成甩裆。

2. 前后裆宽比例确定

体轴线将总裆宽分成前裆宽和后裆宽两部分，其比例约为 1 ：2.8，总裆宽增加时，应保持前后裆宽的比例不变。

（四）上裆长增量与后上裆倾斜角的关系

人体上裆总弧长测得为 0.64H*+4。因此"裤装上裆总弧长 = 人体上裆总弧长 + 必要的松度 + 必要的运动量 ≥ 0.64H*+4"。而裤上裆总弧长又取决于上裆长、裆宽及后上裆倾斜角三要素。影响裤装运动性能的因素主要有成型总裆宽、上裆总弧长、脚口大小，而这三个因素又取决于下裆角及后上裆倾斜角这几个结构要素。因此，下面就上述几个结构要素来分析各类运动裤装的运动功能与结构之间的相互关系。

后臀斜度又称捆势，视臀部翘势及臀腰差不同作相应调整。捆势是指从后中线向外加放的量，一般女性臀部要比男性翘，臀腰差也较男性大，即后片倾斜度应比男性斜，捆势宜控制在 1 ~ 3cm 之间，男性宜在 2 ~ 5cm 之间。与其相关的后臀起翘量与斜度呈正比，斜度大则起翘量大，反之则小。通常后臀斜线与后腰口线之折角呈直角为宜。

后翘与后缝倾斜度均取决于人体臀部造型。人体臀突越大，后缝倾斜度越大，后翘越大，反之相反。对比观察人体的臀部构造与裤后片的结构后可知，后裆斜线的设计是为了吻合人体臀大肌的凸出与后腰部位形成一定的坡度的生理特征。后翘实际是为后中线和后裆弯的总长的增加而设计的，后翘的设计使人体做下蹲运动时不致过分牵紧，以免将腰头部位向下拉拽过多而产生不舒服感。但起翘量不能过大，过大会使人体站立时后腰部位布料涌起，腰口缝下方呈水平皱褶现象，产生不舒服感。据人体下肢运动变形量分析，人体后上裆部的运动变形率为20%左右，按标准体计算运动变形量为4.5～5cm。这个量在裤装的结构处理中为：人体后上裆运动产生的增量 + 上裆长增量 + 材料弹性伸长量。在这里介绍两个影响其取值的主要因素：一个是人体腰、臀部的生理结构特征。女体前面的腹凸极小，而后面的臀凸较大。当前后腰口处于同一水平面时，必然要求裤片的后裆斜线与后裆弧线之和大于前中线与前裆弧线之和，同时裤片的前后侧缝线又必须等长，因此要求后中线起翘，形成一定斜度的后腰口线。第二个是人体腰、臀部的运动特点。人体腰、臀部的运动大多都是往前运动，运动的机会多，幅度大，当臀部前屈时，后臀部的人体皮肤伸长，自然要求裤子后翘增加以适应这种伸长。

　　裤装上裆缝倾斜角的变化主要引起裤装上裆总弧长的变化。从结构要素角度来分类可将裤装分为贴体裤、较贴体裤、较宽松裤、宽松裤。对较宽松裤与宽松裤来讲，裤后上裆部位与人体最贴近的是人体的臀沟线，而对贴体裤与较贴体裤（如牛仔裤、骑马裤）来讲，裤后上裆部位与人体最贴近的不是臀沟线，而是臀沟线与臀突线之间的任意一条线，据合体程序而定。最舒适运动功能性最良好的是人体的臀突线，即此时上裆缝倾斜角为20°左右。倾斜角越大，后上裆弧长增加的量越大，亦即总的后上裆弧线就越长，下蹲运动、骑马运动等的运动功能性越好。

　　横裆线的确定是依据上裆尺寸。确定上裆尺寸的方法很多，上裆尺寸准确与否是裤装结构是否合理的一个关键。如果上裆过大，形成大裤裆，既影响美观，也影响活动；上裆过小，裤子提不上去，穿着不舒适。确定上裆尺寸通常有以下几种方法：

　　（1）采用1/4H为上裆尺寸，这是一种常用的方法，非常简便，对于一般体形是合适的。但是如果是特殊体形，就会出现问题。这里介绍一种特殊体型校验上裆的简便方法：H/10+L/10+6cm 来进行校验，非常适用。因为它用臀围和裤长两个因素控制上裆尺寸，对于特殊体型是比较合理的。例如，对于特别胖的人，臀围尺寸就会很大，这样如果只用臀围的四分之一确定上裆，就会过大，而用H/10+L/10+6cm 来确定上裆，臀围尺寸的作用相对减小，并增加裤长 (即身高) 因素的作用，就会更合理一些。

　　（2）通过测量获得上裆尺寸。人体坐在板凳上，从腰围最细处垂直下量至板凳面的距离。

（3）可以查规格表，由身高尺寸找到相应的上档尺寸。

（4）采用经验数字，一般成年人合体型为 24 ～ 27cm，宽松型为 27 ～ 30cm。

直档过短，使裤子自下档到臀部出现紧绷状态的皱褶，而且在穿着时，裤身向上提拉，产生牵紧的不舒适感。直档过长，裤身下沉，裤档下有松散皱纹，延伸到裤腿前后上部，并且造成跨步不利索。可见，裤装结构方面的改变能够直接影响到穿着运动的舒适性。表 8-5 是一些典型裤类为了提高美观度、适体度，更重要的是为了穿着舒适、运动自如而进行的档部结构设计方案，可作为参考。

表 8-5　档部结构设计方案

裤类	后上档倾角（°）	上档长增量（cm）
宽松裤类	0 ～ 5	2 ～ 3
较宽松裤类	5 ～ 10	1 ～ 2
较贴体裤类	10 ～ 15	0 ～ 1
贴体裤类	15 ～ 20	0

二、女裤结构设计范例

在本小节，以常见的直筒裤和牛仔裤为例，对其结构设计展开论述和说明。

（一）直筒裤

1. 款式特点

臀围较合体，裤筒较合体，呈直线形，造型流畅，能够在一定程度上弥补腿形的不足，是广受青睐的基本裤装款式。款式如图 8-6 所示。

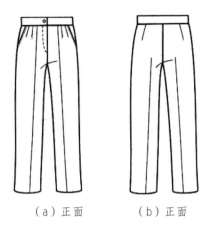

（a）正面　　　（b）正面

图 8-6　直筒裤款式图

2.规格设计

W=W*+2cm=70cm。

H=（H*+ 内裤）+6 ～ 12cm=98 ～ 104cm。

上裆长 = 股上长 + 裆底松量 + 腰宽 =25+0.5+3=28.5cm。

TL=100cm。

SB=0.2H+2cm=22cm。

总裆宽 =0.14H（前裆宽 =0.035H，后裆宽 =0.105H）。

后上裆倾斜角 =12°

3.制图要点

结构制图要点如下：

（1）根据臀长、上裆长、裤长等尺寸绘制腰节线 (WL)、臀围线 (HL)、横裆线、裤长线 (TL) 等横向基础线；取前臀围为 H/4-0.5cm、后臀围为 H/4+0.5cm、前裆宽为 0.035H、后裆宽为 0.105H，做纵向基础线。

（2）取前腰围为 W/4-0.5cm，前中心向内偏进 1cm，前腰中心下落 1cm，前侧缝向内偏进 1cm，其余前臀腰差量作为折裥和省量；取后裆倾斜角为 12°，后腰围为 W/4+0.5cm，后侧缝向内偏进 0.5cm，其余后臀腰差量作为省量；画顺前、后裤片腰围线、上裆弧线和上裆部位侧缝线。

（3）作前挺缝线位于前横裆中点处，后挺缝线位于后横裆中点向侧缝偏移 1cm 处，取前脚口为 SB-2cm，后脚口为 SB+2cm，中裆大小与脚口相同，连接横裆，画顺内裆缝和侧缝线。

（二）牛仔裤

1.款式特点

牛仔裤又称"坚固呢裤"，源自美国西部早期垦拓者（牛仔）穿着的工装裤子，一般用纯棉、棉纤维为主混纺、交织的色织牛仔布制作，现作为一种男女穿的便裤。具有耐磨、耐脏、穿着贴身、舒适等特点。

2.规格设计

W= W*+2cm=70cm。

H=(H*+ 内裤)+4 ～ 6cm=94 ～ 96cm。

上档长 = 股上长 – 低腰量 =25–4=21cm。

TL=94cm。

SB=0.2H+7cm ≈ 26cm。

总档宽 =0.13H（前档宽 =0.03H，后档宽 =0.1H）。

后上档倾斜角 =15°。

3.制图要点

制图要点如下：

（1）根据臀长、上档长、裤长等尺寸绘制腰节线 (WL)、臀围线 (HL)、横档线、裤长线 (TL) 等横向基础线；取前臀围为 H/4–1cm、后臀围为 H/4+1cm、前档宽为 0.03H、后档宽为 0.1H，做纵向基础线。

（2）取前腰围为 W/4+0.5cm，前中心向内偏进 1.5cm，前腰中心下落 1.5cm，前侧缝向内偏进 1cm，其余前臀腰差量作为省量；取后档倾斜角为 15°，后腰围为 W/4–0.5cm，后侧缝向内偏进 0.5cm，其余后臀腰差量作为省量；画顺前、后裤片基础腰围线、上档弧线和上档部位侧缝线。

（3）平行基础腰围线低落 4cm 作腰围线，再向下截取腰宽 3.5cm，闭合前、后腰中的省道，画顺前、后腰。

（4）作前挺缝线位于前横档中点向侧缝偏移 1cm，后挺缝线位于后横档中点向侧缝偏移 2cm 处，根据款式特征，中档线应向上移，中档线距横档线 28cm。

（5）取前脚口为 SB–1.5cm，后脚口为 SB+1.5cm，中档比脚口向内多收进 2.5cm，与横档连接，画顺内档缝、侧缝线和脚口弧线。

第九章　童装结构设计

第一节　童装结构设计概述

一、童装简述

（一）童装的概念及其发展

1. 童装的概念

童装即儿童服装，是指未成年人所穿着的服装，它包括婴儿、幼童、学龄期、少年期等各年龄段的儿童着装。与成年人的服装意义相同的是，童装也是人与衣服的融合，是未成年人着装后的一种状态。在这种状态组合中，服装不仅是指衣服，也包括与衣服搭配的各种服饰品。与成年人服装不同的是，由于儿童的心理发育不成熟，好奇心强且没有行为控制能力或行为控制能力较弱，而且儿童的身体发育较快、体型变化大，所以，童装设计比成年服装设计更强调装饰性、安全性和功能性。

2. 童装的发展

19世纪末以前，由于物质匮乏、经济落后，我国的很多童装都是由手工制作，衣服做得偏大一点，增长服装的穿着时间；衣服也缝制得非常结实，以便可以传给后面的孩子接着穿。虽然在当时也出现了一些童装生产厂家，但这些厂家提供的款式都是非常有限的。

20世纪初，开始出现一些设计师专门设计高价位的童装。童装业的发展紧随女装业发展之后，但其实直到第一次世界大战结束后新式童装才开始商业化生产和销售，此时女性开始走出家庭忙于社会工作，已无暇自制服装，这就需要为孩子买做好的衣服。因此，有了买方市场之后，卖方市场自然就出现了，童装业便快速发展起来。

童装业发展起来的另一个原因是年轻妈妈们发现工业化生产的服装比家庭缝

制的服装更结实，按扣、拉链的使用以及更耐用的缝纫方法都起着重要的作用。比如，缝纫机的针脚比较密实，专业缝制机械可以完成许多人当下无法完成的工艺。第一次世界大战结束后，当生产厂家开始将童装的尺码标准化的时候，童装的发展又向前迈进了一大步。起初童装的尺码很简单，伴随着市场细分的出现，发展成了分类齐全的童装号型系列，这一点我们在下文会做详细介绍。

我国古代儿童的着装，从和尚衣、百家衣到兜肚等，仅仅是体现了父母的一种理念，即希望这些服装能给孩子带来平安和保佑。之后，童装中出现的小马甲、小马褂等也只是成人服装的缩小版，这些均不能体现童装设计的理念。我国近代意义上的童装是从 20 世纪 30 年代洋装进入国内以后，伴随着我国近代服饰的发展而出现的。在过去几十年的发展中，由于对童装缺乏科学的认识，对儿童生理、心理缺乏研究以及经济上的匮乏，童装的功能更多的是表现在避暑、御寒、遮羞等方面，一件（套）服装大孩子穿完小孩子接着穿，或者买块面料由父母缝制的情况比比皆是。此时的童装往往色彩暗淡、款式陈旧，根本谈不上是儿童身心发育和童装文化的体现。20 世纪 90 年代以后，我国童装进入了一个快速发展的时期，在款式、色彩、样式等方面呈现出多样化，同时，在童装的设计和制作上也开始考虑儿童的身心特点，使他们的穿着既美观大方又便于活动。

（二）现代童装的分类

现代童装种类丰富，款式多样，甚至比成人服装的分类更加细化。下面对此进行详细分析介绍。

1. 根据童装的基本形态分类

依据童装的基本形态与造型结构进行分类，可归纳为体形型、样式型和混合型三种。

（1）体形型

体形型童装是符合儿童身体形状、结构的服装，这类服装的一般穿着形式分为上装与下装两部分。上装与儿童的胸围、项颈、手臂形态相适应；下装则符合于腰、臀、腿的形状，以裤型、裙型为主。裁剪、缝制较为严谨，注重服装的轮廓造型和主体效果，如西服类多为体形型。

（2）样式型

样式型童装是以宽松、舒展的形式将衣料覆盖在人体上。这种服装不拘泥于人体的形态，较为自由随意，裁剪与缝制工艺以简单的平面效果为主。

（3）混合型

混合型结构的童装兼有体形型与样式型两者的特点，剪裁采用简单的平面结构，但以人体为中心，基本的形态为长方形。

2.根据童装的衣着功能分类

根据童装的衣着功能分类可以分为内衣和外衣两大类。内衣紧贴人体，起护体、保暖、整形的作用；外衣则由于穿着场所不同，用途各异，品种类别非常之多。

（1）内衣

内衣有贴身衣、裤。如男、女童的短裤、汗背心、短袖或长袖套头内衣（棉毛衣裤），婴儿期童装贴身裤以开裆形式为多。睡衣、睡裤、睡袍及睡裙，手感宽松柔软。裤子一般为大脚裤或灯笼裤样式。睡裙有短袖、长袖、无袖等多种款式，长短不一，可缀以蕾丝花边与刺绣作装饰。

（2）外衣

外衣又可分为婴儿服、幼儿服、幼儿园服、校服、运动服、休闲服等。

①婴儿服有罩衫、围嘴、连衣裤、棉衣裤、睡袋、斗篷等。罩衫、围嘴可防止婴儿的唾液与食物污染衣物，具有卫生、清洁的作用；连衣裤穿脱方便，穿着舒适；睡袋、斗篷则可以保暖，也方便调换尿布。

②幼儿服有男、女幼儿穿着的连衣裤、连衣裙、背带裤、背带裙、罩衫、背心、夹克外套、大衣、斗篷等。幼儿服要方便穿脱与换洗，便于儿童活动。

③幼儿园服有女童的连衣裙、背带裙、短裙、短裤、衬衣、外套、大衣等；男童有圆领运动衫、衬衣、夹克衫、外套、长西装裤、短西装裤、背心、大衣等。这类童装可作幼儿园校服，也可作为家庭日常服装。

④校服有女童的衬衣、背带裙、连衣裙、短裙、裤、外套等；男童有衬衣、背心、外套、长西装裤、短西装裤等。这类童装也可作为家庭日常服装。

⑤运动服包括男、女童长袖与短袖套头运动衫、圆领衫、运动夹克衫、运动短裤、运动背心、泳装等。运动服可作为儿童上体育课或开展运动的专用服装，也可作为校服或日常服装。

⑥休闲服有登山服、牛仔服、沙滩装、水手服等模仿成人的各类服装，具有休闲轻松的风格。

二、童装结构设计相关因素分析

（一）款式造型

童装的设计应把穿着舒适性、符合童装的主要功能作为依据。造型上力求简易，穿着活动方便舒服。应根据不同年龄段，再按照不同体型特征进行设计。

1. 婴儿

婴儿时期（0～1岁）的服装一般是上下相连的长方形造型，款式宜简单些，通常采用开合门襟的设计方法，前门襟系绳带，袖子连裁法。整件衣服需要有适当的放松度，以便适应婴儿的发育和生长。

2. 幼童

幼童时期（1～3岁）的形体特征是头大，颈部短而且粗，肩窄、腹部凸出，四肢短胖，因此幼童服装设计应注重形体的造型，少使用腰线，轮廓呈方形、长方形、A字性为宜。

3. 学龄前期

学龄前期（4～6岁）的儿童体型特征为四肢比例有所拉长，腹部凸出也不明显了，儿童对事物的认识和兴趣有了较迅速发展，自己也能够穿脱一些比较简单的服装。因此，在造型设计上可以多用些分割线和曲线来增加儿童的天真活泼感。

4. 学龄期

学龄时期（7～12岁）的儿童体形已逐渐发育完善。腰线、肩部和臀部已有明显的区分，身材也苗条起来，在款式造型上应考虑到在学校适应课堂和课外活动的需要，设计上不宜太复杂，应简单活泼些。可采用组合服装的形式，如上衣、背心、裙子、裤子等组合搭配为宜。

5. 少年期

少年时期（13～16岁）男女身高和体型特征已基本趋向成人，男孩身高一般为165～175cm，女孩身高一般为153～167 cm。男生服装通常由长、短袖衬衫配长、短西裤和各式T恤衫配休闲裤，春秋季节可穿夹克衣、背心、毛衣、外套；冬季可穿大衣、皮棉夹克等。女生服装较为多样，造型有方形、梯形、H型、A型、X型等。在腰部设计上可高腰、低腰等。例如，X型的造型设计能够体现女生身材的特点，上身的肩部较宽、腰部适体、下裙展开。平时可穿带有休闲风格的服装等。这个时期的孩子对事物接受的能力强，爱表现自己的情绪和情感，因此设计师在设计服装时要有意识地引导他们如何按穿着目的和场合着装，并在设计中注意对他们进行审美观念的潜意识培养，为今后的正确着装打下一个良好的基础。

（二）童装色彩

根据儿童在每个生长时期的不同特点，童装色彩有所不同，但总体上偏向明亮、活泼的色系。

1．婴儿

婴儿时期（0～1岁）的孩子视觉神经还没有发育完善，设计制作的服装色彩一般不宜采用大红、大绿、大紫等刺激性较强的颜色。

2．幼童

幼童时期（1～3岁）的孩子处于爱模仿阶段，开始喜欢鲜艳的色彩，通过对面料颜色的拼接、贴花点缀等，使其服装的变化多种多样、异彩纷呈。

3．学龄前期

学龄前期（4～6岁）的孩子智力发展特快，对很多事物产生兴趣，因此，对服装色彩要求艳丽鲜明，在服装上可采用带有不同色彩的字母、数字和带有游戏色彩的元素等。

4．学龄期

学龄时期（7～12岁）的孩子以学生装为主，在课堂上不宜穿强烈的对比色调，一般可用调和的色彩来取得悦目的效果。如，春夏宜采用明朗色彩，白色与天蓝色、鹅黄色、草绿色、粉红色等；冬季可以用土黄色与咖啡色、灰色与深蓝色、黑色与白色、墨绿色与暗红色等。

5．少年期

少年时期（13～16岁）除上学穿校服外，平时可穿有休闲风格的服装。在色彩上应协调雅致，由于他们的欣赏能力逐渐增强，要与青年的时装特点相结合，表现出青春积极向上的风貌。

（三）童装面料

当代服装材料的选用越来越注重生态环保、功能性等要求，因此，童装面料的选择应结合儿童的活动环境、心理发展等特点，再结合气候和季节来选择服装的面料。

1．婴儿

婴儿时期（0～1岁）童装面料要选择吸湿、透气、保暖性强、排汗功能和舒适性较好的天然纤维，如纯棉织物作为首选。

2．幼童

幼童（1～3岁）的服装面料夏季可用棉织色布、条格布、泡泡纱、细麻布等透气性好的布；秋冬季宜用灯芯绒、纱卡其、绒布、薄呢布等保暖性好，而且又耐洗的面料。

3．学龄前期

学龄前期（4～6岁）的儿童在幼儿园里的时间较多，活动量也较多，因此，内衣多选用透气性好的纯棉、针织面料；外衣多选用挺括易洗、耐磨比较结实的牛仔面料和各种化纤混纺织物。

4. 学龄期

学龄期（7～12岁）在学校时间较长，在校主要穿校服，学生装选择以棉织物、针织物为主，如涤纶凡立丁、化纤仿毛面料以及粗纺呢等面料。

5. 少年期

少年期（13～16岁）服装面料应选择手感较挺、身骨较好的织物。如，毛、麻及各种化纤混纺织物、仿毛织物和伸缩性较好的针织织物，以及涂层面料和较厚的牛仔面料。

（四）装饰图案

童装总体上要体现活泼、明朗的基调，所以装饰性图案的运用非常有必要。

1. 婴儿

婴儿（0～1岁）服装常用绣花的方法进行装饰，图案可取材于各种可爱的小动物、小印花、玩具及各种水果图案的绒布或条纹布，也可产生活泼的童稚情趣。

2. 幼童

幼童（1～3岁）服装图案可选择一些他们喜欢、感兴趣的花花草草、小动物、动画中的卡通形象来装饰点缀，装饰手法有刺绣、贴绣等，纹样上也可仿生构思设计，使服装具有独特的装饰作用和趣味性。

3. 学龄前期

学龄前期（4～6岁）儿童服装图案题材可广泛选择，运用拼贴、绣花、缉边等艺术手法进行装饰与制作，强调图案的趣味性、知识性等。

4. 学龄期

学龄期（7～12岁）儿童的学生装图案可用学校的校名、徽章标志等图案进行装饰，而这类标志性服装能够保留时间较长又不宜更换，因此选择的图案应精巧、简洁，多安排在前胸袋、领角、袖口、背带裤的胸前及裤子的腰部侧边等明显的部位。

5. 少年期

少年期（13～16岁）的服装主要通过主体线条，多利用分割线、不同块面的组合而产生不同风格的装饰效果，并与图案进行有机的结合设计。

三、童装款式设计与形式美法则

款式设计的形式美，不是指一般反映事物的形式，而是一种特殊的艺术形式。通常，这种形式美既要表达设计的基本内容，又要使"美观"与"实用"得到统一。形式美的法则是对自然美加以精选、组织、优化和利用。形式美本身就是对事物的一种形态化的反映。童装作为服装的一种形式，同样应该遵循形式美的法则。

（一）比例与尺度

1.比例

在服装款式设计中，"比例"是决定服装款式各个部分长度与面积相互关系的重要因素，服装细小部位或局部的比例变化，均会影响到服装的整体造型，而服装整体造型又会明显地改变服装与人体之间的比例关系。其衡量标准是：看其是否与人体的关系相互协调，是否适应穿着对象的生活、活动及环境的要求。

2.尺度

"比例"的美是在"尺度"中产生的，这是服装款式构成的又一个重要因素。尺度是衡量比例的基础。在服装设计中用比例来强调装饰的特征，即用放大或缩小比例关系来突出服装的装饰关系，借此达到改变人体自然形态及美化人体的目的。

（二）对称与均衡

1.对称

"对称"是指图形或物体对某个点、线、面而言，在大小、形态和排列上，具有一一对应的关系。在服装款式设计中，通常采用上下对称、左右对称、放射对称、局部对称等方法，表现服装款式安宁、温和的情趣，或体现庄重、严肃及有条理的美感。

2.均衡

在服装款式设计中，如欲表现流动、跳跃、起伏及动态的美感，通常是将"对称"形式转换为"均衡"形式，即不完全对称，只是视觉上分量大致接近。均衡所造就的美感较为活泼，因而可以利用其特点来表现动态的面积、重量、方向与节奏等，追求一种动态的美感。

（三）律动与反复

1.律动

在服装款式设计中，把点、线、面以一定的方向或间隔进行排列，这种有次序的排列形成了连续反复的运动关系，便产生了"律动"。其特征为有次序、有规律和有节奏。律动充满了动态的活力，各部分的形状按照规律组合，产生了不同的节奏变化，间隔的几何形态变化越大，律动感就越强。例如，童装设计中装饰线、花边、纽扣以及皱褶等的工艺设计运用，均可以使服装产生律动感。另外，还可以根据整体造型需要，恰到好处地使用这种形式，又可以在效果上起到"画龙点睛"的作用。

2.反复

"反复"是指在同一条件下的连续重复，有规律地重复便形成了节奏。反复是在生活与活动中产生的，又在服装款式的设计中表现出一种整齐、有条理、有节奏、有规律的形式美感。在服装款式设计中，装饰纹样、线条、比例关系、色彩明暗与起伏等不断反复，均可以构成节奏。有规律的重复、无规律的重复、形的渐变反复以及大小、方向和位置上的变化都可以体现一种动态的韵律美。例如，女童装设计中，采用不同大小褶皱的工艺来处理领子、袖子设计，既形成了外形的变化，又造就了节奏的美感。

（四）对比与调和

1.对比

把两种事物进行对照比较，称为"对比"。在服装款式设计中，对比方法可用于服装各部位装饰之间，通过线条、形状、色彩及材料肌理的变化，表现出共性与个性间的关系，达到表现特殊性的装饰效果。但是，如果过分强调对比，则会对视觉造成刺激，服装效果反而会显得生硬。

2.调和

差异与变化通过呼应、衬托，达到整体关系上的配合与协调，称为"调和"。它是将互相对立的矛盾统一在有规律的关系中，相互靠拢，达到各方面的协调组合。在服装款式设计中，大都要运用"对比"与"调和"的法则，把装饰、色彩、加工工艺等各种形式，在"对比"中追求"调和"，求得整体协调的穿着效果。

（五）线条与分割

1.线条

"线条"是一切造型艺术的基础，在服装款式设计中，运用线条的变化将自然形态转化成艺术形态，赋予设计作品以艺术生命。线条有"直线"与"曲线"之分，直线是表示最简单的运动状态，给人的视觉具有挺拔、单纯、男性化感觉。曲线有"数学曲线"与"自由曲线"之分，比较两种曲线，数学曲线明确、有规律，给人一种明了、确实、流畅的视觉感受；自由曲线富于变化，无规律，给人一种随意、自由、优美的视觉感受。

2.分割

在绘画艺术中，"分割"是对画面空间的一种构图处理形式。而在服装款式设计中，"分割"是为了表现造型的形式感与装饰性，通过横线、竖线、斜线以及曲线的分割，可以改变服装的基本结构、空间关系，从而表现出不同的造型效果。分割有"几何分割"与"自由分割"之分，几何分割中的"黄金分割"——1∶1.618，是视觉造型中最美的分割比例，也是服装结构设计中普遍采用的设计手法。在服装款式设计中，自由分割是根据服装款式构成的需要，按照线与线之间的比例关系、面与面之间的色彩关系，从局部到整体进行周密安排，从具象化设计到抽象化设计转化的过程，也是达到形式美感的一种设计方法。

需要注意的是，服装上的分割比例不仅要符合视觉艺术的规律，而且要符合服装工艺制作的基本原理；不仅要表现比例美，而且要注重款式设计的完整性。

第二节　童装结构设计原理

一、儿童生理、心理及运动特征

不同于成人已经定型的体型特征，儿童处在快速成长的阶段，无论是生理层面还是心理层面，都随着年龄的增长而不断变化，所以童装结构设计的原理之一就是要对儿童有非常全面的了解，对他们在各个年龄阶段的成长状况，包括身体、生理以及心理上的变化都需要有很透彻的认识，这样才能设计出适合儿童这个群体穿着需要的服装。

（一）儿童生理特征

在服装领域中，一般将婴儿出生至16岁这一年龄阶段统称为儿童时期。由于儿童成长快速，不同年龄的儿童对服装有不同需求，因此根据年龄、体型特征以及心理、生理特征的变化，结合社会习惯和学校制度，将儿童时期划分为五个阶段：婴儿期、幼童期、学龄前期、学龄期、少年期。

婴儿期（0～1岁）头部大，颈部很短，肩部窄、浑圆，无明显肩宽，胸腹部突出，且腹部凸出十分显著，臀部窄、外凸不明显，背部弯曲不明显，上身长，下肢较短，腿型多呈O型，整个躯干体型呈纺锤形。上身长度为

2 ～ 2.5 个头身，下肢长度为 1 ～ 1.5 个头身，全身长约为 4 个头身，胸围约
49cm，腹围约 47cm，几乎没有胸、腰围差。

幼童期（1 ～ 3 岁）体型不断改变，挺胸、凸肚、头大，成长迅速，颈部
长度稍增加，肩宽增加，背部弯曲渐渐明显，下肢长度增加，O 型腿逐渐消失，
正面体型为 H 型。身高增长显著，每年增长约 10cm，全身长约为 4.5 个头身。
胸围每年增长 2cm 左右，腰围每年增长 1cm 左右。

学龄前期（4 ～ 6 岁）颈部长度增加，肩部增宽，但肩斜度较大，躯干部
成长迅速，腰围大于胸围，背部脊柱弯曲大，后腰内吸，侧面观察躯干部呈明
显的 S 型。身高每年增长约 7 cm，为 5 个头身左右，下肢约为 2.5 个头身，两
腿逐渐变直。

学龄期（7 ～ 12 岁）身高增长迅速，身体各个部位的比例发生了明显的
变化，头部比例减少，颈部细长，有明显的肩宽，胸腹部凸起明显减少，腹部
开始变平，背部弯曲减少，逐渐显现男、女体型差异。这一阶段身高增长显
著，每年增长 5 cm 左右，到 12 岁时，男童的身高逐渐增加到 6.6 个头身左右，
女童的身高达到 6.9 个头身，下肢长度约为 3 头身。胸围每年增长 2cm 左右，
腰围每年增长 1cm 左右。

少年期（13 ～ 16 岁）体型及身体各个部位的比例与成年人类似，男、女
体型差异加大，女孩胸部与臀部变丰满，男孩肩部与胸部变阔。身高增长为
7 ～ 8 个头身，男童每年增长 5cm 左右，女童每年增长由 5cm 逐渐减为 1cm。
胸围男、女童每年增长均为 3cm 左右，腰围男童每年增长 2cm 左右，女童仍
为 1cm。这一阶段男、女童逐步进入青春发育期，第二性征开始出现，男、女
体型差异逐渐加大。

图 9-1 为男童在各个年龄阶段的体型变化比例图，图 9-2 为女童在各个
年龄阶段的体型变化比例图，这两个图很清晰地描述了男、女体型在各个部位
的确切比例，也体现了在成长过程中的体型变化。图 9-3 为儿童体型特征的侧
视图（阴影、斜线部分为男童），该图也清晰地显示了儿童在各个年龄阶段的
体型特征及其变化。

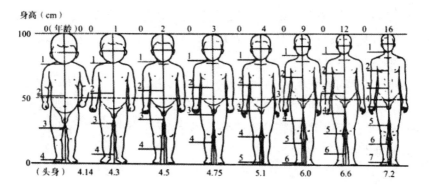

图 9-1 男童体型变化比例图

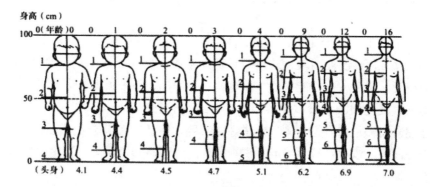

图 9-2 女童体型变化比例图

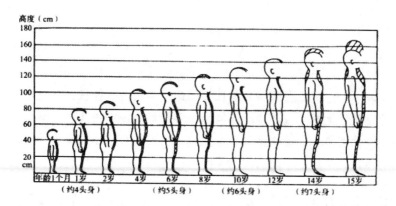

图 9-3 儿童体型侧视图

（二）儿童心理特征

日常生活中可以观察到：儿童活泼、好动，认知欲很强，总是喜欢新奇有趣的东西，对周围的事物往往表现出极大的好奇心，如看见路上车子开过去，他总要眼睛尾随着一直看；听到外面有什么响声，总喜欢跑出去瞧瞧；看着地上的蚂蚁，会寻找它的家在哪里等。

此外，儿童有较强的表现欲，以引起大人注意并希望得到认可，会在你面前不停地跑，做各种动作游戏。而且，好动也是这个年龄阶段普遍的特征，不停地跑，而且两腿迈动频率很大，手也不停地动，这里摸摸，那里碰碰。

形象思维在此阶段发展快速，较抽象思维发达。对色彩表现敏感，喜欢画画，譬如画一个红红的太阳，画一朵红红的花，画一棵绿绿的草，或者画一只黄绒绒的小鸭子。喜欢搭积木，开始掌握简单的几何造型。

求同性、趋近性心理也比较强烈，往往旁边小朋友玩什么玩具，自己也要玩一样的玩具。

儿童的生活自理能力也在这一时期开始培养，儿童自身也乐于动手学习。饮食方面，能使用勺子、筷子等餐具进餐；能参加淘米、摘菜、洗菜等家庭劳动。睡眠方面，能自己上床睡觉；会简单地整理被褥。穿衣方面，能根据天气变化加减衣服；会系带子，有的甚至会打活结等。个人卫生方面，也能逐步培养他们自己洗澡、洗头和梳头等。生活方面，能去近处小商店买冰棍、面包、酱油等简单用品。安全方面，过马路知道走人行横道，知道左右看车辆。

（三）儿童运动特征

1.骨骼关节特点

儿童时期，骨骼正处于生长发育阶段，软骨成分较多，骨组织中有机物与无机物之比为5∶5，而成人为3∶7，所以，其骨骼弹性大而硬度小，不易骨折，但易弯曲变形。骨的成分随着年龄的增长逐渐发生变化，坚固性增强，韧性减小。在生长过程中，骺软骨迅速地生长使骨伸长，并逐渐完全骨化。在骨完全骨化前，该部位的任何过大负荷都会影响骨骺的正常生长。儿童骨组织内含钙较少，骨化过程尚未完成，骨骼弹性强，容易弯曲。肌肉比成人容易疲劳，尤其是单调动作和长时间使身体保持单一姿势时，更易发生疲劳。

儿童在关节结构上与成人基本相同，但关节面软骨较厚，关节囊较薄；关节内外的韧带较薄而松弛，关节周围的肌肉较细长，所以其伸展性与活动范围都大于成人，关节的灵活性与柔韧性都易发展，但牢固性较差，在外力的作用下较易脱位。

2.运动对穿着的影响

学龄前期的儿童生性好动，活动量和活动范围比原来显著增加。在活动过程中，服装经常无法穿整洁，最为明显的表现是裤子往下掉后而撕裂。这一问题既要从前面静态的体型特征上研究方案，更重要的是还要从儿童动态活动引起形态变化中找方案。小孩子常奔跑、跨步，而且小孩奔跑时两腿展开的角度很大。裤子腰头在玩耍时容易往下掉，当裤子下滑较多，裆部跑到了腿部，两腿跑时一张开，裤裆就撕裂了。究其原因，除了与面料的使用和宽松程度有关外，幼童体型特征——腹部圆滚，臀部较小，腰节部位不明显——容易导致裤头随着运动对裤裆的托牵而下移。当腰头与裤裆下移后，裤裆跑到了人体的大腿部位上，随着儿童的运动，裤裆的结构无法满足儿童腿部的大幅度运动而撕裂。

要解决这一问题，就应在结构上把裤子后裆挖深些，使两条裤管拉直后内侧缝线能成一直线，同时增加臀围、横裆的宽度，这样裆部就不容易因腿部跑动而撕裂。儿童时期是快速成长期，为不束缚身体而影响生长发育，童裤腰头一般都设计成松紧带形式，以满足一定的弹性和伸缩性。

二、童装号型

（一）童装号型系列

（1）身高 52 ～ 80cm 的婴儿，身高以 7cm 分档，胸围以 4cm 分档，腰围以 3cm 分档，分别组成 7·4 系列和 7·3 系列，详情可参考表 9-1 和表 9-2。

表 9-1　身高 52 ～ 80cm 婴儿的上装号型系列

单位：cm

号	型		
52	40		
59	40	44	
66	40	44	48
73		44	48
80			48

表9-2　身高52～80cm婴儿的下装号型系列

单位：cm

号	型		
52	41		
59	41	44	
66	41	44	47
73		44	47
80			47

（2）身高80～130cm的儿童，身高以10cm分档，胸围以4cm分档，腰围以3cm分档，分别组成10·4系列和10·3系列，详情可参考表9-3和表9-4。

表9-3　身高80～130cm儿童的上装号型系列

单位：cm

号	型				
80	48				
90	48	52	56		
100	48	52	56		
110		52	56		
120		52	56	60	
130			56	60	64

表9-4　身高80～130cm儿童的下装号型系列

单位：cm

号	型				
80	47				
90	47	50	53		
100	47	50	53		
110		50	53		

号	型			
120	50	53	56	
130		53	56	59

当儿童成长到一定年龄，男孩与女孩之间的身体差异开始显现，所以型号系列不再通用，所以下面我们将分开说明。

（3）身高135～160cm的男童，身高以5cm分档，胸围以4cm分档，腰围以3cm分档，分别组成5·4系列和5·3系列，详情参考表9-5和表9-6。

表9-5 身高135～160cm男童的上装号型系列

单位：cm

号	型				
135	60	64	68			
140	60	64	68			
145		64	68	72		
150		64	68	72		
155			68	72	76	
160				72	76	80

表9-6 身高135～160cm男童的下装号型系列

单位：cm

号	型				
135	54	57	60			
140	54	57	60			
145		57	60	63		
150		57	60	63		
155			60	63	66	
160				63	66	69

›› 服装结构设计的理论实践

（4）身高135～155cm的女童，身高以5cm分档，胸围以4cm分档，腰围以3cm分档，分别组成5·4系列和5·3系列，详情参考表9-7和表9-8。

表9-7　身高135～155cm女童的上装号型系列

单位：cm

号	型					
135	56	60	64			
140		60	64			
145			64	68		
150			64	68	72	
155				68	72	76

表9-8　身高135～155cm女童的下装号型系列

单位：cm

号	型					
135	49	52	55			
140		52	55			
145			55	58		
150			55	58	61	
155				58	61	64

（二）童装号型系列主要控制部位数值

控制部位数值是人体主要部位的数值即净体的数值，它是设计服装规格的依据，包括长度方向4个数值、围度方向5个数值。在我国儿童服装号型中，身高80 cm以下的儿童是没有控制部位数值的。在其他儿童的控制部位中，身高是指自然站立姿态下从头顶到地面的高度，坐姿从后颈椎点高的部位到坐在椅子面的高度，全臂长是指手臂自然垂直状态下肩端点到手腕凸点的距离，腰围高指站立时从地面到腰围的高度，围度的取值是根据各个时期的不同围度的增加也不同。下面，将针对不同身高儿童的控制部位数据及其分档数据作详细的说明，见表9-9、表9-10、表9-11。

表 9-9　身高 80 ～ 130cm 的儿童控制部位数据及分档数据

单位：cm

		90	100	110	120	130	分档数值
长度	身高	90	100	110	120	130	10
	坐姿颈椎点高	34	38	42	46	50	4
	全臂长	28	31	34	37	40	3
	腰围高	51	58	65	72	79	7
围度	颈围	24.2	25	25.8	26.6	27.4	4
	肩宽	24.4	26.2	28	29.8	31.6	1.8
	胸围	48	52	56	60	64	4
	腰围	47	50	53	56	59	3
	臀围	49	54	59	64	69	5

表 9-10　身高 135 ～ 160cm 的男童控制部位数据及分档数据

单位：cm

		135	140	145	150	155	160	分档数值
长度	身高	135	140	145	150	155	160	5
	坐姿颈椎点高	49	51	53	55	57	59	2
	全臂长	44.5	46	47.5	49	50.5	52	1.5
	腰围高	83	86	89	92	95	98	3
围度	颈围	29.5	30.5	31.5	32.5	33.5	34.5	1
	肩宽	34.6	35.8	37	38.2	39.4	40.6	1.2
	胸围	60	64	68	72	76	80	4
	腰围	54	57	60	63	66	69	3
	臀围	64	68.5	73	77.5	82	86.5	4.5

表 9-11　身高 135～155cm 的女童控制部位数据及分档数据

单位：cm

		135	140	145	150	155	分档数值
长度	身高	135	140	145	150	155	5
	坐姿颈椎点高	50	52	54	56	58	2
	全臂长	43	44.5	46	47.5	49	1.5
	腰围高	84	87	90	93	96	3
围度	颈围	28	29	30	31	32	1
	肩宽	33.8	35	36.2	37.4	38.6	1.2
	胸围	60	64	68	72	76	4
	腰围	52	55	58	61	64	3
	臀围	66	70.5	75	79.5	84	4.5

第三节　童装四季款式设计的特点

一、春秋童装设计的特点

由于春季和秋季的气候特点相近，其童装设计的特点也有许多相似之处，所以我们将春秋童装的设计放在一起进行说明和论述。

（一）保暖性

春秋季节处于冬夏过渡阶段，气候多变，昼夜温差较大，应考虑其保暖性，但由于儿童易出汗的特征，春秋童装也应该具有适度的透气性。例如，针织面料相对柔软、飘逸、透气、贴身合体，对于春秋季童装而言是很好的选择。当然，考虑到春秋季节昼夜温差较大的特点，可以通过内外衣搭配的方式应对，如外衣防风保暖，内衣透气吸湿等，以此来适应气候的变化。

（二）颜色

从季节的角度来说，服装颜色的选择一是和温度有关，二是和大自然的环境有关。从温度这一因素去看，由于春秋季的温度相近，所以春秋装颜色的选择上可以相近，更可以相同。但从自然环境的因素去看，春季是万物复苏的季节，自然环境越加的绚丽，而秋季的自然环境则越加的单调，所以从这一因素去看，春季童装的颜色应该倾向于柔和、明亮，秋装则应倾向于和煦、温暖。概而言之，春秋童装颜色的选择可以单一，可以多元，选择面更广，可能性更多。

二、夏季童装设计的特点

（一）透气性

夏季温度较高，而高温环境的服装必须具备良好的透气性。服装的透气性取决于服装材料的表面形状、织物的密度与厚度以及服装的款式与开口形式。例如，服装的内表面越光滑，越容易沾人体的汗液，会对服装的透气性产生不利影响。所以，应选用轻、薄、柔软、内表面不光滑的机织物或针织物，且服装的款式尽量选择合体的"H型"，开口也采用敞开式设计，以便于增加服装的透气性。

（二）透湿性

服装的透湿性主要由服装材料的透湿性能决定。服装材料的透湿性能是由其吸湿性与湿性构成的，其中服装材料的吸湿性取决于材料的公定回潮率，放湿性则取决于材料的放湿速度。高温环境的服装要求服装材料的吸湿性好，放湿速度快，才能凸显其优良的透湿性。例如，棉麻服装因其优良的吸湿性与快速的放湿速度而给人以凉爽宜人的着装感觉。

（三）通风性

服装的通风性主要与服装的款式造型有关。在高温环境中，我们提倡增大服装的开口设计，款式以宽松合体为宜。这样在人体活动时，能够产生鼓风作用，而人体处于静止状态时也能够促进换气。此外，在人体容易出汗且不易蒸发的部位，如腋窝、腹股沟等部位，宜采用无袖或短袖、短裙或短裤的设计，以加速对流散热。

（四）颜色及光洁度

不同颜色对太阳光的透射、反射与吸收的程度是不一样的。通常情况下，颜色越浅，越不易吸热；颜色越深，越有利于遮挡紫外线。从预防吸热的角度分析，夏季服装以素浅色调为宜，且服装材料外表面越光滑越有利于反射的加强，从而减少热辐射的吸收。

三、冬季童装设计的特点

（一）保暖性

冬季服装的主要功能是防寒保暖，选择合适的服装结构和服装材料能减少因传导、对流、辐射、蒸发对人体造成的热损失。服装要做到对人体背部、上臂、腹部、膝部等关键部位的充分保暖，尽量避免有暴露或通风透气的设计。例如，连帽外衣设计是童装中常见的设计形式，可以在大风雪天气下维持头部、颈部的保暖量。内层面料应选用柔软的纯棉针织物，中外层面料可选用棉毛、羊绒、起绒蓬松的织物，质地以紧密厚实为主。

（二）防风性

由于风的因素会导致服装的保温性能明显下降，所以要求低温环境中穿于最外层的服装面料必须质地紧密，且透气性小。例如，传统的毛皮、皮革制品的防风性较好，其不足之处是重量较重，出于生态环保的需要，可用重量相对较轻的人造毛皮或皮革替代。此外，还要尽量闭合服装的开口部位，减少对流散热量。

（三）透湿性

由于水的热传导率是静止空气的 25 倍，普通纤维的 12 倍，所以寒冷环境中人体出汗时产生的汗水极易传导热量，一旦服装中含有水分，服装中原有的空气就会被水分排挤置换，使服装的保温性能大幅降低，使人体明显地感觉到寒冷。因此，低温环境中的着装要特别注意来自外界环境的雨雪和来自人体肌肤的汗水，要求服装同时具有较好的吸湿性和放湿性，尤其要注意防止服装的内保温层因水分积聚而降低其保温性。

（四）外衣颜色

在接受热辐射的情况下，如晒太阳，黑色、蓝色等深重色的吸热性较好，所以外衣颜色选用深色有助于保暖。另外，冬季植被凋谢，四周环境单调，服装颜色上如果太过花哨，会显得与四周环境格格不入，所以同样应该选用深色。当然，一味地选用深色的设计在美观性上会略有影响，尤其对于处在朝阳期的儿童来说，所以冬季童装的颜色可根据需求进行多元化设计。

参考文献

[1] 格罗塞.艺术的起源 [M].北京:商务印书馆,1984.

[2] 戚晓佩.服装局部设计大系 [M].沈阳:辽宁科学技术出版社,2003.

[3] 王琦.服装结构设计 [M].北京:阳光出版社,2018.

[4] 晋铭铭,罗迅.马斯洛需求层次理论浅析 [J].管理观察,2019(16).

[5] 冷绍玉.服装功能研究综述 [J].丝绸,1988(7).

[6] 曹军.重新认识全面质量管理的作用和工作方法 [J].设计技术,2001(1).

[7] 李海涛,吴彦君,马永树.具有图案识别功能的自动钉扣机研发 [J].天津纺织科技,2017(4).

[8] 吴彦君,贾丽丽,冯蕾.服装定制平台与 MTM 系统数据库的构建 [J].天津纺织科技,2017(5).

[9] 顾朝晖.日本文化原型与东华原型的比较分析 [J].西安工程科技学院学报,2005(1).

[10] 赵红梅,黄恩发.论桑塔耶那自然主义美学 [J].湖北大学学报,2000(1).

[11] 邹平.裤装基型结构分析 [J].辽宁丝绸,1999(4).

[12] 白卫波.关于服装结构对服装工艺的影响探析 [J].西部皮革,2020(6).

[13] 张凯辰.服装结构设计中的解构主义表现 [J].西部皮革,2020(3).

[14] 魏建华.试论服装结构设计中的立体思维 [J].纺织报告,2019(12).

[15] 李小珺,王小雷.婴幼儿服装结构安全性设计研究 [J].轻纺工业与技术,2019(11).

[16] 胡虹.胸省在服装结构设计中的运用 [J].西部皮革,2020(5).

[17] 魏建华.浅谈服装结构在服装设计中的应用 [J].广东蚕业,2019(10).

[18] 黄玲玲,刘娟.一片式合体服装结构研究 [J].北京服装学院学报(自然科学版),2019(4).

[19] 邢琳.服装结构设计的美学元素运用探究 [J].美术教育研究,2018(3).

[20] 刘怡.服装结构设计中人体工程学的作用研究 [J].艺术科技,2019(9).

[21] 周雯.服装设计中的可持续发展研究 [J].美术教育研究,2019(11).

[22] 孙甜甜,田宏.服装结构设计中解构原理分析[J].辽宁丝绸,2019(2).

[23] 胡虹.服装结构对服装工艺的影响分析[J].现代经济信息,2019(9).

[24] 刘毅艳.服装仿生结构设计研究[J].中国民族博览,2019(4).

[25] 林欢,刘娟.服装结构设计方法之比较[J].山东纺织经济,2018(1).

[26] 仲菊芳.分割线在女装结构设计中的运用探析[J].艺术科技,2017(12).

[27] 于海燕.论省道在女装版型的设计与运用[J].纺织报告,2019(1).

[28] 倪军,张昭华,王文玲,等.衣袖结构设计对上肢运动灵活性的影响[J].东华大学学报(自然科学版),2020(1).

[29] 毛晓凛.浅析插角袖在合体服装中的应用——兼论《合体女上装CAD制板》[J].染整技术,2018(12).

[30] 李琦,刘娟.女上衣结构设计的弊病修正[J].西部皮革,2018(19).

[31] 陶婉芳.浅析服装结构中松量与省道的作用[J].中国民族博览,2018(7).

[32] 程宁波,娄少红,吴志明.基于人体特征的裤子结构关键尺寸分析[J].武汉纺织大学学报,2019(4).

[33] 陈正英.服装结构构成方法比较及新方法的生成[J].西部皮革,2018(10).

[34] 周洪梅.浅析面料相关性能对服装结构设计的影响[J].山东纺织经济,2018(4).

[35] 李卓霖.浅析服装结构中松量与省道的作用[J].西部皮革,2016(24).

[36] 陈立娟.服装制版环节中翻领松量的设计方法分析[J].农村经济与科技,2019(14).

[37] 孙丹,钱晓农.婴儿服装结构设计中的松度问题[J].西部皮革,2017(14).

[38] 许栋樑.立体裁剪中交叉造型的结构设计方法研究[J].上海纺织科技,2019,(3).

[39] 易晓群,康宋怡,朱颖芳.关于服装结构设计绘图工具的研究与探讨[J].科技视界,2019(7).

[40] 倪平.浅谈服装结构设计原理[J].学周刊,2017(24).

[41] 孙元秋.浅谈服装外形设计与创新[J].黑龙江纺织,2016(4).

[42] 唐秀英.浅析服装结构设计与人体特征的关系[J].中国培训,2016(14).

[43] 杨静蕊.连身袖服装中袖裆的结构设计探讨[J].轻工科技,2016(8).

[44] 艾秀玲.基于学龄前儿童成长需求的服装结构设计研究[D].长春:长春工业大学,2018.

[45] 朱邦灿.几何元素在现代服装设计中的运用研究[D].苏州:苏州大学,2018.

[46] 吕彩玲.女装落肩袖造型与结构设计[D].武汉:武汉纺织大学,2019.

[47] 李琦.女装装袖结构造型及拓展设计技法[D].北京:北京服装学院,2019.